이 도서의 국립중앙도서관 출판시도서목록(CIP)은 서지정보유통지원시스템 홈페이지(http://seoji.nl.go.kr)와 국가
자료공동목록시스템(http://www.nl.go.kr/kolisnet)에서 이용하실 수 있습니다.(CIP제어번호: CIP2013024188)

저녁 7시, 나의 집밥

나를 응원하는 오늘의 요리

유키마사 리카 지음 · 염혜은 옮김 · 이나영 그림　*design* **house**

들어가는 말

《저녁 7시, 나의 집밥》을 책으로 내면서 새삼스레 식구들, 결혼 전 싱글일 때의 생활, 또 첫째 딸과 둘째 딸이 태어나던 순간, 회사 다니던 시절의 에피소드 같은 것들을 정신없이 머릿속에 떠올리고 있습니다.

20대, 30대 초반은 철저히 일을 중심으로 생활했습니다. 회사에 가고 일을 하고 철야도 하고 혼자 해외 출장을 간 적도 있었지요. 즐거운 일도 아주 많았지만 힘든 적도 참 많았습니다.

결혼한 다음에는 첫째 딸 카린, 둘째 딸 사쿠라가 태어나고, 둘째가 세 살이 될 때까지 5년 정도는 어떤 의미에서 회사에 다닐 때보다 더 힘들었던 것 같기도 합니다. 단순하게 접시돌리기에 비유하자면 돌려야 하는 접시의 수가 늘어났으니까요(웃음).

하지만 너무 바빠서 머리를 풀가동시킨 탓인지, 오히려 마흔 살이 된 후 요리 이외에 내가 하고 싶은 일을 발견할 수 있었습니다. 새로운 일을 시작하기엔 다소 늦은 시기. 하지만 시작하려면 지금밖에 없어! 주먹을 불끈 쥐고 오랫동안 다니던 회사를 그만뒀습니다. 그리고 '나루호도! 에이전트'라는 키즈용 웹사이트를 오픈했습니다. 나는 지금 막 꿈을 향해 마라톤을 시작한 참입니다.

여러 가지 변화가 있었고 앞으로도 계속 있겠지만, 절대 변하지 않는 단 한 가지는 '매일의 생활을 소중히 하는 것'입니다. 아침에 일어나면 아침밥을 만들고 커피를 내리고 집을 정리하고(청소가 아니라 그냥 '정리'입니다), 몸을 움직여 어딘가로 갑니다. 벚꽃이 피면 꽃구경을 가고, 여름이 되면 아이들을 풀장이나 축제에 데리고 갑니다. 밤이 되면 술을 마시면서 먹고 싶은 걸 만들고, 때로는 친구들을 만나 여러 가지 이야기를 합니다. 평범하고 어쩌면 당연한 일들이지만, 그것은 다양한 우연이 겹쳐 성립된 아주 귀중한 시간들입니다. 그렇기 때문에 그 순간순간을 꼭 껴안으며 살아가려고 합니다. 인생이란 건 분명히 그 순간순간이 연결되어 이루어지는 것일 테니까요.

이 책을 손에 들어주서서 정말 감사합니다. 여러분도 이렇게 저랑 연결되는군요. 정말 기쁩니다.

봄, 유키마사 리카

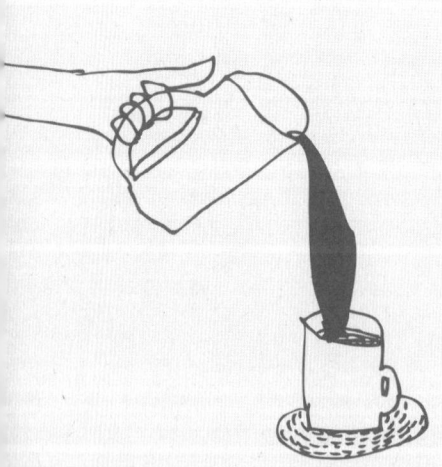

술과 나

나는 술을 굉장히 좋아합니다. 술은 보통 '술에 강한 사람 or 약한 사람' 두 가지 타입으로 나뉘는 것 같은데, 그렇다면 나는 당연히 전자입니다. 아빠의 어머니, 즉 친할머니를 닮아서 그런 게 아닐까, 제 마음대로 추측하고 있습니다. 우리 할머니는 부엌에서 자주 소주를 홀짝홀짝 마시는 분이었습니다. 규슈 여자답게 "그럼요, 그럼요" 하면서 할아버지를 치켜세워주실 줄 아는 분이었지만, 실은 할아버지한테 "대체 뭐라는 거야?" 이렇게 소리치고 싶었던 적도 많았던 게 틀림없습

니다. 그때마다 술의 힘을 살짝 빌려 "네, 네" 하면서 할아버지의 잔소리를 흘려들었던 거겠죠.

내가 아직 아기였을 때 일입니다. 엄마가 쪼끄만 나를 데리고 가면 할아버지는 갑자기 "당신, 좀 와봐" 하고 할머니를 불렀다고 합니다. 그러면 할머니는 "요시코, 피곤하지? 좀 쉬고 있어라" 하면서 묵직한 나를 업고 요리를 하며 목욕물을 데워 엄마를 쉬게 했다고 합니다.

보통 고부간이라고 하면 며느리가 일하는 것이 전통적인 모습이지만, 할머니는 항상 "요시코, 여기 앉아라" 하고 말하고는 손녀인 나를 업고 며느리를 대접해주셨답니다. 게다가 도미를 한 마리 사서는, 처음에는 회, 그다음에는 탕, 그리고 조림까지, 마치 고급 요리점의 코스 요리처럼 단계별로 요리를 해주셨다고, 엄마는 자주 그때를 떠올리며 이야기하십니다. 그렇게 친딸보다 더 소중하게 대해주셨기 때문에 나이를 먹으면서 자신도 시어머니를 친어머니처럼 보살펴드릴 수 있었다고 항상 말씀하십니다.

덧붙여 말하자면 할머니는 요즘 아이로 치면 딱 초등학교 5학년 정도밖에 안 될 정도로 마르고 체구가 작으셨습니다. 그 작은 몸집으로 용케도 나를 업고 요리 같은 걸 하셨구나, 놀랄 따름입니다. 동그랗고 두꺼운 돋보기안경 너머로 웃는 눈과, 다른 사람을 위해 힘닿는 데까지 열심히 일하시던 모습을 지금도 선명하게 기억하고 있습니다. 할머니는 돌아가시기 전에는 너무 말라 다소 날카로운 이미지였지만, 젊었을 때 사진을 보면 굉장히 미인이어서 처음 봤을 때는 깜짝 놀랐습니다. 부연 설명을 하자면 고모, 그리고 고모의 딸(나의 사촌으로 RKB의 아나운서)도 상당히 미인입니다. 좋은 DNA는 나는 쪽 빼고 사촌 패밀리에게만 물려주신 것 같습니다. 정말 슬픈 일이죠. 이런 건 생각하지 않는 게 상책입니다(웃음).

많은 사람과 함께 더불어 살아가야 하는 세상, 누군가가 한 말을 일일이 신경 쓴다면 굉장히 피곤할 게 틀림없습니다. 물론 그런 상황을 하나하나 마주하고 싸워가는 것도 인생의 길 중 하나일 테고, 용기를 가지고 싸우는 사람도 이 세상에는 꼭 필요하겠지만, 만일 그런 용기가 없는 사람이라면 우리 할머니처럼 살아가는 것도 괜찮을 듯합니다. 무슨 말이냐고요? 생각하시는 대로입니다. 용기 있는 사람 뒤에 숨어서 "캬아~" 하면서 부엌 한쪽에서 술이라도 마실 수 있다면, 나름대로 평화로운 세상이 될 수 있지 않을까요? 그리고 포인트 하나! 평소에는 거의 싸우지 않기 때문에, 이런 타입의 사람이야말로 때가 오면 근성 있게 싸울 수 있을지도 모릅니다. 용기 있는 사람의 든든한 서포터로서 말이죠.

김과 두부와 생강 수프

김과 두부와 생강 수프는 다정한 할머니 같은 맛이 난다.
눈에 띄는 것도 아니고 화려하지도 않지만 온화한 존재랄까?
결국엔, 미소가 그 사람의 얼굴을 만들어가는 거니까.

재료(2~3인분)

일본식 달걀두부 작은 것 2개(큰 것은 1개), 구운 김(큼직하게 찢어놓은 것) 1장 분량, 생강(편으로 썰어놓은 것) 1큰술, 돼지고기(다진 것) 100g, 마늘(다진 것) 1/2작은술, 난프라(피시소스) 1/2작은술

A - 다시마 육수 4컵, 술 2큰술, 소금 1작은술, 간장 2~3방울, 조미료 3~4번 휘리릭

샹차이(고수, 기호에 따라) 적당량

만드는 법

1. 비닐봉지에 다진 돼지고기, 마늘, 난프라를 넣고, 봉지를 잘 비벼 문질러 둔다.
2. A와 생강을 넣은 냄비를 불에 올린다. 끓으면 ①을 숟가락으로 떠서 넣는다(작게 떠 넣을수록 빨리 익는다).

3. 먹기 쉬운 크기로 자른 달걀두부, 김을 얹고 달걀두부가 따뜻해지면 완성. 그릇에 담고 샹차이로 장식한다.

---

*달걀두부 대신 보통 두부로 해도 상관없습니다. 그리고 수프의 염분은 '육수 4컵당 소금 1작은술, 혹은 간장이나 난프라 약간'을 따로 기억해두면 편리합니다.

생강 레시피

서로 용서하는 계절

어느 추운 겨울밤, 엄마와 긴자에 있는 라멘집에 갔을 때의 일입니다. "맛있다, 정말 맛있다" 하면서 뜨끈한 라멘(일본식 '라면'을 지칭하는 말-옮긴이)을 아주 맛나게 후루룩 쩝쩝 먹고 있는데, 앗! 깜짝이야! 라멘에 작은 벌레가 한 마리 들어 있는 게 아니겠어요?

순간 놀라서 젓가락질을 멈췄더니, 그 모습을 본 엄마가 "리카, 소란 피우지 마라. 이런 작은 가게에서 그런 별것 아닌 일로 소란 피우면 손님이 들지 않을 거야. 그냥 건져버리면 그만이잖니"라고 했습니다. 그

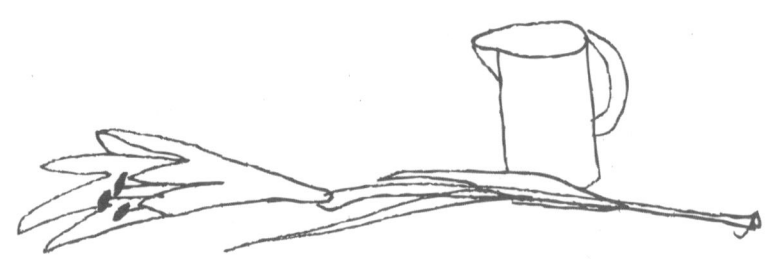

거야 뭐 그렇게 해줄 수 있지만 나는 이미 먹을 기력을 상실했습니다. 바로 눈치챈 엄마는 "내 거랑 바꿔줄게. 세상에는 이런 곤충을 먹는 사람도 얼마든지 있단다" 하며 자신의 돈부리(일본식 덮밥-옮긴이)를 건네주었지만, 결국 둘만의 즐거운 식사 시간은 거기서 끝, 더 이상 진행되지 못했습니다.

그 뒤 계산을 끝낸 엄마는 작은 소리로 점원에게 "라멘에 작은 벌레가 들어 있었어요" 하고 귀띔해주었습니다. 그리고 놀라서 돈을 돌려주려고 하는 점원에게 "돈은 됐어요" 하고 자동문 쪽으로 스윽 걸어 나왔습니다.

그날 밤 '엄마는 참 따뜻한 사람이구나' 하는 생각을 했습니다.

아무리 신경을 잘 쓴다고 해도 음식에 어쩔 수 없이 벌레가 들어갈 때도 있는 법입니다. 작은 실수는 누구라도 합니다. 그것이 자신의 목숨을 위협할 정도의 큰일이라면 소란을 떨 수밖에 없겠지만, 그런 게 아닌 이상 그냥 넘어가거나 용서해주는 여유를 갖는 것도 중요할지 모르겠습니다.

이와 비슷하게 많은 식품 회사들도 실수를 할 때가 있습니다. 어쩌면 커다란 실수일 수도 있겠지요. 그 때문에 깊은 상처를 받은 사람도 분명히 있을 테고요. 또 용서해서는 안 되는 실수도 물론 있습니다. 하지만 그런 실수가 과연 그들이 몇십 년에 걸쳐 이루어온 그 놀라운 노력을 모두 부정해버릴 정도로 돌이킬 수 없는 것이었을까? 이렇게 생각하면, 나는 그렇게까지 말할 순 없지 않을까 하는 생각이 듭니다.

나도 그렇지만 인간이라는 존재는 항상 자신이 불완전하다는 사실을 깜빡하고, 실수하거나 실패한 인간이나 조직을 너무나 신랄하고 통렬하게, 다시는 일어설 수 없을 때까지 두들겨 패버리기 일쑤입니다.

하지만 우리가 엄마처럼 실수를 용서하는 마음을 가지지 않는다면, 머지않아 이 세상은 제대로 숨 쉬기조차 힘든, 너무나 살기 어려운 세상이 되어버릴 게 분명합니다.

서로에게 너무 완벽한 것을 요구하다 보면, 그러는 사이에 누구나 다 실수가 두려워 행동하지 않게 된 나머지, 결국은 나 자신이 힘들어지는 법이니까요.

미국에서는 12월 홀리데이 시즌을 '서로를 용서하는 시즌'이라고 말합니다. 일 년 동안 여러 일이 있었겠지만 12월이 되면 서로에게 "좋은 크리스마스를!" 하면서 말을 걸어줌으로써 다시 제로베이스에서 새해를 맞이하자는 의미입니다. 참 좋은 사고방식입니다.

다른 사람을 용서하지 않으면 결국 자신도 용서받을 수 없습니다. 일본도 조금만 더 실수에 관대한 나라가 되었으면, 하는 생각을 해봅니다.

라멘집에서 나오는 엄마의 모습이 굉장히 근사해 보이는 밤이었습니다.

오래된 영화

제임스 스튜어트 주연의 〈멋진 인생〉이 좋다.
큰 실패를 맛보지만, 결국 자신의 삶을 다시 설계해가는 주인공의 모습.
가끔은 이렇게 꼬이지 않은, 착한 영화를 보고 싶다.

하카타의 여성

내가 태어나 자란 후쿠오카는 유난히 축제가 많은 곳입니다. 전통문화를 지키면서 선진 문화도 받아들이는 곳이지요. 도시면서도 도시가 아닌, 혹은 시골이면서도 시골이 아닌 곳이랄까요. 'Best of Both'를 서로 맞춘 곳이라고 말할 수 있을 듯합니다. 그런 특성은 이 지역의 여성에게도 그대로 적용되어서, 하카타의 여성은 남성적이면서도 여성스럽다고들 합니다. 그러고 보니 고등학교 다닐 때 이런 일이 있었습니다.

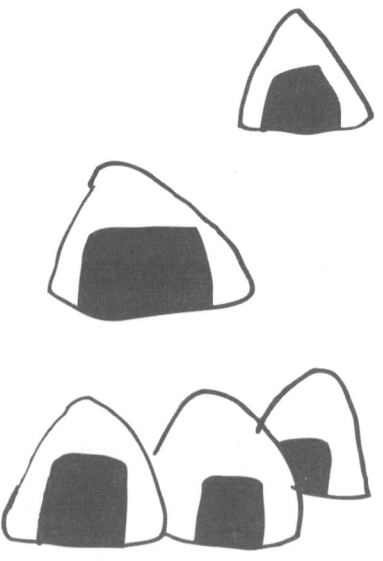

여름은 야마카사(후쿠오카의 축제 이름 중 하나-옮긴이) 축제 준비로 분주한 계절입니다. 하카타 구, 즉 내가 다니는 고등학교가 있는 지역에서도 남자들은 진을 치고 '자신의 구역에서 얼마나 빨리 미코시(제례 때 신위神位를 모시고 메는 가마-옮긴이)를 메고 달릴 수 있는가'라는 한 가지 목표를 향해 아침부터 연습을 시작합니다.

하지만 말이 그렇지, 항상 오로지 연습에 매진해 달리는 것은 아닙니다. 솔직히 옆에서 지켜보면, 아침부터 술 마시고 모여서 어슬렁어슬렁 길거리를 활보하는 게, 단순히 노는 것처럼 보입니다.

고등학교 2학년 여름 "너도 좀 도와라"라는 친구의 한마디에, 남자들이 아침 연습에서 돌아왔을 때 주먹밥과 된장국을 내주는 '주먹밥 준비대' 일을 돕게 되었습니다. 첫째 날에는 '어? 생각보다 재밌네' 하고 생각했지만 둘째 날, 셋째 날에는 나도 덩달아 아침 일찍 일어나니 너무 졸리다는 생각뿐이었습니다(그것도 학교에 가기 전이니까 학교에서도 계속 졸립니다). 그러던 어느 날 동네 아주머니들과 함께 주먹밥을 만들면서 그만 이렇게 투덜대고 말았습니다.

"아줌마, 왜 우리가 이딴 걸 해야 해요? 아무리 봐도 남자들은 잘난 척하면서 훈도시(일본의 성인 남성이 입는 전통 속옷-옮긴이)만 입고 초등학생처럼 놀러 다니는 것으로밖에는 안 보이는데. 나도 훈도시 입고 주먹밥 먹고 싶다고요!"

그랬더니 지금 생각해도 참 명언이라고 여겨지는 말이, 동네 아주머니 입에서 나왔습니다.

"리카, 그래 봤자 남자는 여자한테서 태어난 거야. 여름 한 달 동안 남자를 실컷 놀게 해주고, 나머지 열한 달 동안 실컷 부려먹자고. 그게 더 득이야."

그때는 그 의미를 확실하게 알지 못했지만, 그 후 남녀평등 의식이 규슈하고는 전혀 다른 미국이라는 땅에 가서, 남녀평등 뒤에 존재하는 혹독한 현실을 보고 오니(평등을 주장하려면 책임도 져야 한답니다!), 동네 아주머니의 말이 굉장히 일리가 있다는 생각이 들더군요.

일본도 이제는 여성이 밖에 나가 일을 하는 시대가 되었습니다. 하지만 가족을 위해 집에서 하루 종일 집안일을 하는 엄마를 보고 자란 탓에 요리나 청소를 여성과 분담하는 문화를 경험하지 못했던 일본 남성들이 갑자기 태도를 확 바꿀 리가 없습니다.

우리 남편도 기분이 좋으면 청소, 요리 등을 하지만(요리는 상당히 잘하는 편), 그래도 그건 기분이 '좋을 때'뿐입니다. 처음에는 가사 분담도 시도해봤습니다만, 남편 담당이었던 쓰레기에는 날파리가 즐겁게 날아들고 목욕탕에도 곰팡이 군단이 대거 몰려오는 등의 부작용이 생기더군요. 그렇다고 내가 손을 대자니 그것까지 다 나의 일이 되어버릴 것 같고, 화를 꾹 눌러 참고 손을 대지 않는 자신에게도 너무 지치고, 그래서 최종적으로 도달한 것이 바로 그 동네 아주머니의 말이었습니다. 맞아. 더 이상 어쩔 수 없어. 포기해버리자. '그래 봤자 남자는 여자한테서 태어난 거니까'. 그러니까 강한 쪽이 약한 쪽을 봐주는 수밖에 어쩌겠어(내 맘대로 이렇게 해석하기로 했답니다).

남녀평등을 주장하면 "힘드니까 일 그만두고 싶어" 하고 말할 자유는 없어집니다. 생계를 꾸려가는 책임도 무거워집니다. 그렇다면 나도 동네 아주머니의 방식처럼 살면서 '그래 봤자 여자한테서 태어난 남자'와 사이좋게 잘 지내보자, 이런 식으로 생각을 고쳐먹은 것이죠. 실제로 가사를 도울 거라 기대하며 항상 안절부절못하며 지내는 것보다는, 처음부터 가사를 하지 않을 거라는 각오를 하고 부지런히 몸을 움직이는 편이 마음이 편하기도 하고요.

그때의 동네 아주머니의 말은, 어쩌면 시대에 역행하는 말일지도 모릅니다. 하지만 나도 나이를 먹고 매일 현실과 싸우며 살아가다 보니, 이제는 이런 것들도 다 후쿠오카라는 풍토나 문화 속에서 살아온 여성이 자신의 인생을 조금이라도 편하게 하기 위해 고안한 현명한 지혜였겠구나, 하는 생각을 하게 됩니다.

'빨간 머리 앤'처럼

자신이 약하다고 생각하면, 다른 사람을 책망하게 된다.
자신이 강하다고 생각하면, 다른 사람을 용서할 수 있다.
그러니까 '빨간 머리 앤'처럼 항상 자신보다 밝고, 강한 자신을 상상해본다.
그리고 재미있는 일을 생각한다.

상냥함이 빙글빙글

어느 날 아침의 일입니다. 맛있는 초콜릿이 두 조각 남아 있길래 부엌 뒤쪽에 숨어서 한 조각 먹으려던 차에 그 장면을 첫째 딸 카린에게 들켰습니다.

"아! 초콜릿이다!"

상자 속 초콜릿은 딱 두 조각뿐. 둘째 딸 사쿠라가 일어나면 하나가 모자랍니다.

"카린, 잠깐 이쪽으로 와봐. 사쿠라한테는 비밀이다. 알았지? 둘이서
한 조각씩 먹자."

카린에게 하나를 주고, 내 입으로 초콜릿 하나를 쏙 집어넣은 바로
그 순간.

"그럼, 사쿠라랑 반씩 나눠 먹을래."

카린은 초콜릿을 이로 쪼개 반만 먹고, 남은 하나는 아직 이불 속에
있는 사쿠라한테 가져갔습니다. 내 입속에서 살살 녹고 있는 초콜릿.
좀 미안하다는 생각은 들었지만 두 딸에게 주고 저는 먹지 않는다는
건… 식탐 대마왕인 제게는 있을 수 없는 일입니다.

유치원에서 만나는 다른 아이들도 마찬가지지만, 나는 종종 아이들
의 순수함에 감동받곤 합니다. 그럴 때마다 아이들은 정말로 다정한
마음을 가지고 태어나는구나, 하는 생각이 저절로 듭니다.

카린이 사쿠라에게 자기가 아주 좋아하는 사과를 주면, 이번에는 마
지못해(먹을 것에 대한 사쿠라의 집착은 내가 물려준 것이랍니다) 사쿠라가 나
에게도 아주 작은 사과 조각을 하나 줍니다. 그러면 나도 어쩔 수 없
이 카린에게 사과를 주지요.

"엄마, 이거 굉장히 재밌다. 사과가 빙글빙글 돌고 있어" 하고 카린이
말합니다.

그제야 나는 정말이구나, 하고 깨닫습니다. 상냥함이라는 것은 빙글
빙글 도는 것이라는 사실을. 그리고 내가 먼저 손을 내밀어야 주위에
서도 시작하는 것이란 사실을.

다른 사람에게 무엇인가를 주는 것이 얼마나 소중한 일인지 가르쳐준 사람은, 도쿄 쓰키시마의 어머니입니다. 친엄마가 아니라, 유치원에서 돌아온 딸내미들을 돌봐주시는 패밀리의 어머니입니다. 쓰키시마의 어머니는, 볼 때마다 다른 사람에게 무언가를 주고 있습니다.

부지런히 만든 피클이나 쿠키. 시골에서 보내준 사과나 감자. 반액 세일을 해서 많이 샀다는 맛있는 소시지. 나뿐만 아니라 내 친구들한테도 평등하게 나눠줍니다. 카린의 생일날 어쩌다 놀러 온 친구 아이에게도, 평등하게 선물하지 않으면 불쌍하다며 카린과 똑같은 꽃다발을 사 옵니다.

잘 관찰해보면 그런 어머니한테는 끊임없이 택배가 도착한다는 걸 알 수 있습니다. 택배가 오면 어머니는 우선 현관에서 어머니를 기다린 택배 기사에게 내용물을 뜯어서 나눠줍니다. 카린과 사쿠라는 그런 어머니를 빤히 쳐다봅니다. "이거 먹어요", "이거 가져요", "이거 가져가요" 하고 작은 봉지에 항상 무언가를 담아주는 어머니를 지켜보다 보면, 나도 언젠가는 똑같이 행동하게 될지도 모르겠습니다.

카린도 우리 집에 놀러 온 친구에게 자기가 아끼는 장난감이나 옷을 "가져" 하면서 봉투에 넣어 집에 갈 때 들려줍니다. 그리고 어머니와 똑같은 소리를 합니다. "난 이런 거 많이 있어." 하지만 저는 어렸을 때는 물론, 성인이 된 지금도 카린과 같은 행동은 하지 못합니다.

다음 날의 일입니다. 아침에 부엌 한쪽 구석에서 몰래, 이번에는 맛있는 젤리를 먹고 있었습니다(저는 아침에는 단것을 먹어야 잠이 깨는 타입이랍니다). 이번에는 둘째 딸 사쿠라가 일어나 있습니다. 남은 젤리는 단 하나.

"나도 먹을래, 먹을래~" 하고 조르는 사쿠라. "알았어. 하지만 하나밖에 없으니까 언니랑 나눠 먹자. 언니가 사쿠라한테 항상 반씩 나눠줬지?" 사쿠라는 몇 번이나 고개를 끄덕입니다. 잘 알아들었다는 몸짓입니다. 반으로 자른 젤리 중 큰 쪽(사쿠라는 뭐든 큰 쪽을 집습니다)을 입에 쏙 넣고, 카린이 있는 곳과는 정반대 방향인 목욕탕 쪽을 향해 "카린! 카린!" 하면서 맹렬하게 달려갑니다. 제가 돌아와보니, 남아 있는 반쪽도 사쿠라의 입속에 쏙. 저와 눈이 마주치니 이히히 웃습니다. "언니를 불렀는데, 없어서 내가 먹어버렸어!"라는 뜻인 모양입니다. 언니가 거기에 있겠니? 거긴 목욕탕이잖니.

흐음. 똑같은 환경에서 자라도 이렇게 다르구나. 둘째 아이를 통해 제 자신의 모습을 본 아침이었습니다.

TV 드라마 〈대지의 아이〉에 나왔던 중국인 아버지.

주름이 깊게 패어 있던 그 얼굴을 잊을 수가 없다.
친아들이 아닌 아들에게 자신이 줄 수 있는 것 이상을 주는 아버지.
사랑이 사랑을 낳는다.

초콜릿 케이크

초콜릿 케이크는 나도 아주 좋아한다.

진판델 레드 와인이랑 먹으면 멋들어지게 어울린다.

모두 다 같이 먹은 후 다음 날까지 남으면 아침 일찍 일어나 몰래 먹어버린다.

앗! 이러면 상냥함이 빙글빙글 돌지 못하겠군.

재료(직경 18cm 케이크 1개 분량)

밀크 초콜릿(판 초콜릿) 1½장(75g), 버터 1/3개(75g), 달걀 3개(흰자와 노른자로 나눈다), 그라뉴당(시럽을 만드는 설탕) 9큰술, 생크림 50cc, 박력분 3큰술(체에 친다), 코코아 파우더(설탕이 들어 있지 않은 것) 10큰술(체에 친다), 위스키(싼 걸로도 충분) 1/4컵, 슈거 파우더·생크림 적당량

만드는 법

1. 틀 바닥과 측면에 버터를 바르고 박력분을 뿌려둔다(둘 다 분량 외). 오븐을 160℃로 예열해둔다.

2. 판 초콜릿과 버터를 작은 볼에 담고 중탕으로 녹인다(너무 뜨겁지 않도록 주의. 온도가 너무 높으면 버터와 분리되어 버린다).

3. 중간 크기의 볼에 달걀흰자와 그라뉴당 2큰술을 넣고, 거품을 낸다(기계가 아닌 손으로 거품을 내는 경우에는 처음에는 그라뉴당을 넣지 않고 거품을 낸다). 하얘지면 그라뉴당 3큰술을 더 넣고, 걸쭉해지면서 윤기가 돌 때까지 거품을 낸다(손으로 거품 내는 사람, 파이팅!).

4. 큰 볼에서 달걀노른자를 크림 상태가 될 때까지 거품을 낸 후, 그라뉴당 4큰술을 넣고, 걸쭉해질 때까지 다시 거품을 낸다.

5. 달걀노른자 볼에 ②의 초콜릿과 생크림을 넣고 섞은 후, 박력분과 코코아를 넣고, 고무 주걱으로 반죽을 끊듯 섞는다. 이어서 달걀흰자 1/4 분량을 넣고 슥슥 섞는다. 대강 섞였으면 남은 것을 다 넣어서 섞는다(이 케이크는 어차피 오므라든다. 그때 너무 신경질 내지 말도록). 그런 다음 준비해둔 케이크 틀에 넣는다.

6. 160℃로 예열한 오븐에 넣고 40~45분

간 굽는다. 도중에 탈 것 같으면 알루미늄 포일을 위에 얹는다. 한번 부풀어 오르지만 오븐에서 꺼내 식으면 오므라든다. 이때 너무 실망하지 말 것.

7. 식혀서 틀에서 꺼낸 다음, 솔로 위스키를 마구 칠한다. 너무 많이 바르는 게 아닌가 걱정하지 마시길. 이게 이 초콜릿 케이크의 비밀이니까.

8. 랩 필름으로 착 감싸고, 실온에 놔둔다(냉장고는 건조하기 때문에 여름 이외에는 실온에 두는 게 바람직하다). 구운 후 2~3일째부터 맛있어진다. 그러니 최소한 2일째까지는 먹지 말 것. '너도 이제 좀

어른이 됐구나' 싶을 정도까지 숙성시킨다.

9. 케이크를 자를 때 칼을 뜨거운 물에 담갔다가 자르면 깨끗하게 자를 수 있다. 접시에 담고 슈거 파우더를 뿌린 다음 생크림을 얹어 장식한다.

---

*위스키를 많이 사용하는 것이 비결. 만든 후 이틀 동안 재워둘 것(이게 가장 중요한 포인트). 그 뒤는 간단합니다. 이 케이크는 냉동해도 맛있다는 사실! 갑자기 손님이 들이닥쳤을 때 그 진가를 발휘할 수 있답니다!

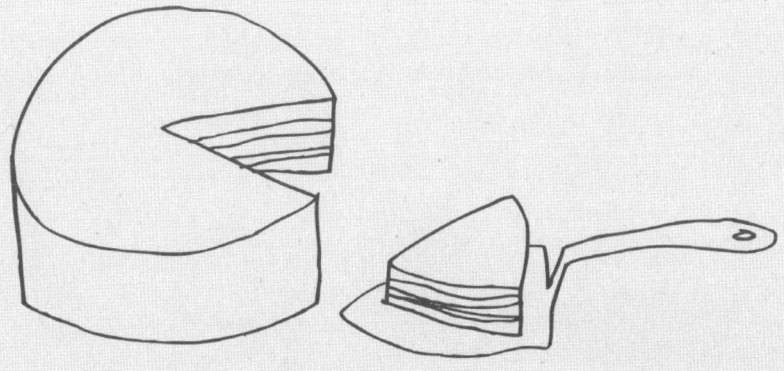

누군가 오는 날의 메뉴

그러니까, 정리 정돈

초등학교 시절 담임선생님께서 만일 잡지 사진 등을 통해 완벽하게 정리된 내 수납장을 본다면, 무척이나 깜짝 놀라실 겁니다.

나는 원래 정리 정돈을 잘하는 편이 아닙니다. 옛날엔 어느 초등학교에나 분명히 한두 명쯤 있었죠. 책상 서랍 속에 빵을 감춰둔 탓에 곰팡이를 키우고 마는 초등학생 말입니다. 맞습니다. 내가 바로 그런 아이였습니다.

뿐만 아니라 성격도 칠칠맞아서 늘 물건을 잃어버리고 다녔기에, 교실

뒤에 붙어 있는 '물건 잃어버린 사람 그래프'에서는 톱을 달렸답니다(그 런데 엄마는 세상에나, 학부형 참관일에 와서는 "어머나, 리카. 열심히 했구나" 이러면 서 미소를 지어주셨죠. '엄마, 제대로 좀 봐요. 그래프 제목을!' 이렇게 생각했지만 모 르면 뭐 일부러 알려줄 필요까진 없다는 생각에 실실 웃으며 잠자코 있었던 기억이 납 니다).

나는 컴퓨터로 말하자면 메모리 용량이 상당히 적은, 다운되기 쉬운 타입의 인간입니다. 그래서 항상 쓰레기통에 쓸데없는 정보를 버리고 메모리 공간을 확보해두지 않으면 새로운 정보를 받아들일 수가 없습 니다.

하지만 카린과 사쿠라를 돌봐주시는 쓰키시마의 어머니는 정말로 정 리 정돈을 기가 막히게 잘하시는 분이라, 옛날 옛적 따님이 가지고 놀 았다는 장난감이나 아드님이 초등학교 선생님한테 받았다는 그림책, 누군가가 사줬다는 하모니카까지 어디에 있는지 다 기억하고 바로 찾 아냅니다. 이런 사람은 심지어 칩의 성능까지 좋아서 '어떤 파일의 어 떤 문서의 몇 페이지에 무엇을 적었는가'까지 정확하게 기억하는 부류 입니다.

나는 스스로도 나 자신이 얼마나 정리 정돈을 못하는지 잘 알고 있 기 때문에, 항상 중요한 것만 정확히 기억하도록 정해놓고 있습니다. 예를 들어 사진이라면 매년 200장만 넣을 수 있는 앨범에 1월 설날부 터 12월 크리스마스까지 찍은 사진을 골라서 넣는 식입니다. CD도 자주 듣는 건 책장 앞에, 듣지 않는 것은 뒤쪽에 두는 식으로, 잘 듣는 것을 꺼내기 쉽게 조치해둡니다. 이것들을 막 섞어놓으면 결국 찾는 데 너무 힘을 빼게 돼서, 오히려 다양한 장르의 음악을 들을 수 없게 되거든요.

그릇도 마찬가지입니다. 최근 잘 사용하지 않는다 싶은 그릇은 친구에게 줍니다. 그리고 새로운 공간이 생기면 다시 시간을 들여 마음에 드는 그릇을 삽니다. 이런 식으로 '뭔가를 빼고 난 다음에 비로소 그 자리에 뭔가를 채우는' 식으로 하려고 마음먹고 있습니다.

사람은 제각각 취향이 다르지만 디자인도 그렇고 건축물도 그렇고, 나는 뺄셈의 미학을 느낄 수 있는 것들을 좋아합니다. 뭔가를 덜어낸 것들에는 마음을 편하게 해주는 청결함이 존재하거든요. 이런 공간에 뭔가 하나를 채워 넣으면, 또 아름다움이 확 피어납니다.

가능하다면 자주 정리해서 책장이나 서랍에서 필요 없어진 것을 버리고 새로운 것을 채워 넣을 공간을 만들어야겠습니다.

나에게 정말로 소중한 것은 뭘까? 소중히 하고 싶은 시간은 어떤 시간인가? 이런 질문들을 새삼스럽게 자문해보면서 매일매일을 보낼 수 있으면 참 좋겠습니다.

정리 정돈은 버리는 것에서부터 시작된다.

버리는 것에 죄책감을 가지지 않기 위해
나는 항상 '선택하고 있다'고 스스로에게 말한다.
선택되지 못한 딸내미의 장난감들아, 정말 미안해.
하지만 내 CD는 도저히 버릴 수가 없었어.

정리 정돈 again

둘째 딸이 태어나기 전에 가장 철저하게 준비했던 것은 집 정리 정돈과 연락처 등의 정보 정리였습니다. 아이가 태어나면 우유를 주고 기저귀를 갈아주는 것만으로도 눈 깜짝할 사이에 하루가 지나버립니다. 게다가 좀처럼 자유롭게 밖에 나갈 수도 없고, 사고 싶은 것을 사러 나가는 일조차 불가능해지지요.

첫째를 출산했을 때 겪은 시행착오와 경험을 살려 온 집 안을 정리해 필요한 것은 바로 찾을 수 있도록 하고, 사고 싶은 것은 뭐든지 택배

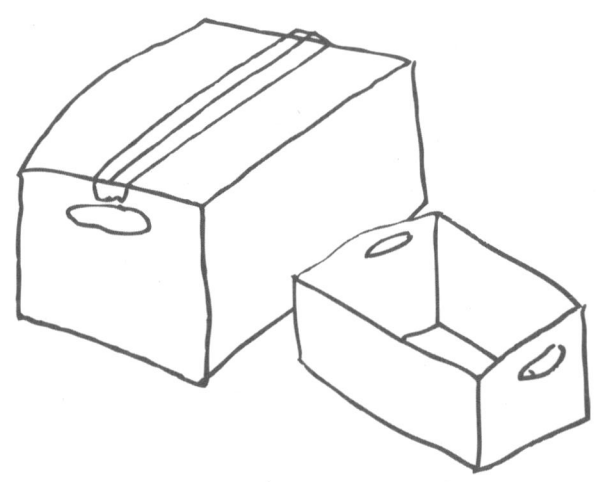

로 주문해서 받을 수 있도록 예비 조사를 해놓고, 그 밖에 필요한 갖가지 정보를 분류하거나 휴대폰에 정보를 넣어두는 등 아주 분주하게 준비했습니다. 느긋하게 앉아서 차 마실 시간이라도 만들기 위해서는 '손톱깎이는 어디?', '두루마리 휴지는 어디?', '유아원 용품은 어디?' 하며 찾아 헤매는 시간을 경감하는 수밖에 없습니다. 가사의 '철저한 합리화'가 이루어져야만 비로소 자신의 시간을 만들 수 있을 것 같았거든요.

어떤 정리 방법이 좋을까 하는 것은 편의점을 관찰하는 일에서부터 시작했습니다. 실제로 매상이 좋은, 한눈에도 정연하게 잘 정리된 편의점의 진열장은 엄청난 연구의 결과입니다. 어린아이들이 좋아하는 과자는 어린아이 손이 닿는 높이에 배열하고, 어른들밖에 손이 닿지 않아도 좋은 것들은 그래도 되는 장소에 적절히 배치되어 있습니다.

재고는 많아야 4,5개 정도고 그 이상은 없습니다. 재고는 특별 세일 등의 행사로 처리합니다. 보통 슈퍼마켓에 가면 '각티슈 5개 세트 오늘만 특별 세일!' 하는 식의 재고 처리 상품에 저절로 손을 뻗게 되는데, 사실상 공간을 확보하는 데 비용이 든다는 사실은 편의점뿐 아니라 집에도 똑같이 적용됩니다. 각티슈를 사기 위해 임대료나 주택 대출금을 지불하는 것도 아닌데, 쌓아둔 물건만 눈 깜짝할 사이에 상자 하나분이 된다는 건 말이 안 됩니다. 그러니까 결론은 특별히 저렴하지 않더라도 하나하나 모자라는 것만 그때그때 충족시키는 편이 효율도 좋고 집의 공간을 합리적으로 활용할 수 있는 방법이라는 거죠.

가사의 합리화를 위해서는 편의점 점원이 가끔 적는 장부처럼, 그 자리에 뭐가 있고 뭐가 모자라는지 바로바로 체크할 수 있는 '상품 목록' 같은 것도 필요합니다. 그래서 나도 냉장고를 열어보고 세면대를 살펴보고 서랍이나 찬장을 체크해보고는 '우리 집 상품 재고 목록'을 작성해봤습니다.

목록을 만들려면 꼬박 하루가 걸립니다만, 앞으로의 생활이 이 목록 한 장으로 편해질 거라 생각하면 결코 아깝지 않습니다. 목록을 보면 '아, 보리차용 보리가 모자라는군' 하는 식으로 바로 감이 오지만, 목록 없이 슈퍼마켓에서 바로 떠올릴 수 있느냐 생각해보면 그건 좀처럼 쉬운 일은 아니기 때문입니다.

결국 이런저런 작은 궁리 끝에 우리 집에서 매일 쓰는 상품들은 제 위치를 확보했고, 보충되는 것을 기다리는 상태가 되었습니다. 앞으로는 주 1회 '우리 집 상품 재고 목록'을 체크해서 "아, 저번에 두루마리 휴지 샀는데 또 사버렸네" 하는 일이 발생하지 않도록 노력할 생각입니다. 이렇게만 하면 수납장 저 안쪽의 물건을 잊어버리는 불상사는 생기지 않겠지요.

언제까지나 물건을 갖고 있고 싶은 것은 인간의 심리지만, 물건이든 일이든 새로운 무엇인가는 들어올 만한 '틈'이 없으면 시작되지 않습니다. 그것은 사람과의 만남도 마찬가지입니다. 물건을 생각할 때도 마찬가지로 '절대로 이것이어야만 해!' 하고 고집스럽게 같은 물건만 계속 채워둔다면, 좀 더 가치 있는 사고방식을 간과해버리는 일이 훨씬 더 많아질 것입니다.

자유롭게 살기 위해서는 정기적으로 틈을 만들 필요가 있습니다. 평생 동안 다양한 것을 바꿔 넣으면서 살아갈 수 있으면 좋겠습니다.

무한 반복

스스로 정리 정돈하고 또 스스로 엉망으로 흐트러뜨린다.
이것을 계속해서 반복한다는 허무함. 그래도 기분 좋다.
정리 정돈. 잘하려면 '편의점 관찰', '도서관 관찰'을 추천한다.

나를 위한 청소

고백하자면 나는 고등학교 3학년 때부터 청소는 준전문가 수준이었습니다(웃음). 고등학생 시절 유학 제도로 일 년간 미국에 유학을 간 적이 있었는데 처음에 간 홈스테이 주인이 '메이드보다 교환학생이 더 합리적'이라는 이유로 유학생을 받아준 노부부였기 때문입니다. 도착한 날 아침부터 '청소기는 이렇게 돌린다', '테이블 위는 이런 식으로 닦는다', '부엌은 여기까지 청소' 하는 것들을 교육받았습니다. 말도 잘 안 통하고, 장밋빛 유학 생활을 꿈꾸고 있던 나는… 울었습니다. 정말로 어쩌면 이렇게 눈물이 나올까 싶을 정도로, 방과 후 집에 돌아오면 항상 내 방에서 펑펑 울었습니다. 하지만 그래도 일은 해야만 했습니다. 처음에는 견디기 힘들었지만 한 달이 지났을 무렵에는, 오히려 집을 깨끗하게 청소하는 시간이 내가 외로움을 느끼지 않을 수 있는 유일한 시간이 되었습니다.

반짝반짝 빛나는 거울. 반짝반짝 빛나는 싱크대와 수도꼭지. 다음 날이 되면 다시 물때라든가 먼지가 붙어 더러워지지만, 그래도 깨끗한 윤기로 반짝반짝 빛나는 집은 기분 좋은 것이었습니다. 그때 나는 스스로에게 이렇게 말했습니다. "청소는 나를 위해 하는 것이다." 만일 이것을 노부부를 위해 하는 거라고 생각하면 청소고 뭐고 다 팽개치고 오히려 더러운 걸 그대로 남겨둬서 노부부의 기분을 상하게 만들고 싶을 정도였으니까요. 사실 '흥, 행주로 화장실을 청소해버릴까 보다' 이런 못된 생각을 한 적도 있었습니다(웃음). 하지만 결국 그 행주로 접시를 닦고 그 접시에 밥을 담아 먹는 것도, 바로 저입니다.

화창한 날에 몸을 마음껏 움직여 청소를 하면, 기분이 좋아지는 건 다른 누구도 아닌 나라는 사실을 깨달은 건 그 생활을 한 지 딱 1개월이 지난 후였습니다. 그때까지는 정말 마지못해 미적거리면서 청소를 했습니다. 항상 일본에서 가져온 카세트라디오에 빌리 조엘의 음악을 걸고 노부부가 집에 오기 전에 혼자 청소를 했는데, 그때 나오던 'Just the Way You Are'나 'Honesty'나 'Piano Man'이나 'Uptown Girl' 등의 음악이 얼마나 내 마음을 위로해주었는지 모릅니다.

지금 와서 생각해보면 그때 배운 모든 것이 소중한 재산이 되었습니다. '청소는 닦는 게 중요'하다는 것. 침대 정돈 방법(이거, 힘듭니다. 깔끔해 보이게 하려면 체력이 필요하거든요. 그래서 나는 이때의 경험 덕에 침대 대신 요와 이불을 사용하기로 했답니다), 청소기는 3일에 한 번만 돌리면 된다는 것, 손님이 오기 전에는 화장실을 청소하고 목욕 수건의 색은 흰색으로 전부 통일하면 보기 좋다는 것, 필요 매수 이상은 버릴 것, 이런 것까지 다 머릿속에 주입되어 있으니까요. 당시엔 부엌이 아무리 깨끗해도 수도꼭지가 빛나지 않으면 "What is This?"란 말을 들었습니다. 덕분에 지금 우리 집 수도꼭지는 대체로 반짝반짝 빛납니다.

청소를 즐겁게 하는 비결. 그것은 '청소는 스스로를 위해서 한다'는 생각입니다.

'음악을 파트너로 삼아 기분 좋게 흥얼거리면서 하는' 방식이지요. 지금도 나는 청소하는 모습만큼은 아무에게도 보여주기 싫습니다(웃음). 왜냐하면 항상 노래를 부르고 있거든요. 오늘은 'Uptown Girl'입니다. 이렇게 연습하다 보면 언젠가는 노래방에서 부를 수 있을지도 모르겠습니다.

10분 카레

집을 깨끗하게 하는 것이 청소라면

몸을 깨끗하게 해주는 것은 채소와 향신료가 듬뿍 들어간 카레다.

재료(2인분)

마늘 1조각(얇게 편 썬 것), 올리브 오일·고추장 1작은술씩, 돼지고기 썬 것 60g(덩어리라면 한입 크기로 썬다), 카레가루 20g(1공기 정도), 물 300ml, 멘쓰유(일본식 조미료) 2큰술

*이하는 좋아하는 채소로 준비하면 된다. 호박 1/4개(7mm 두께로 썬다), 당근 1/2개(껍질을 까고 3cm 정도로 깍둑썰기), 감자 1개(4등분한다), 연근 4cm 분량(단면이 보이도록 1cm 두께로 썬다), 작두콩 6꼬투리(꼭지를 떼어놓은 것), 청차조기 5장(다진 것), 밥 300g(즉석밥이라면 1.5팩 정도)

만드는 법

1. 냄비에 마늘, 올리브 오일, 고추장을 넣어 재빨리 볶고, 돼지고기를 넣어 전체적으로 볶는다. 물, 멘쓰유, 카레가루를 넣고 끓이면 끝. 중간에 돼지고기 거품이 올라오면 건어낸다.

2. 채소는 냉장고에 있는 것을 꺼내 랩으로 싸서 전자레인지에 돌려 익힌다. 전자레인지의 데우기 기능을 이용하면 알아서 부드럽게 익혀준다(압력밥솥으로 하려면 2분이 적당하다).

3. 접시 한가운데 밥을 담고, 주위에 채소를 얹는다. 밥 위에 소스를 뿌리고 청차조기를 듬뿍 올리면 완성.

*압력밥솥이 있으면 채소는 1~2분이면 됩니다. 전자레인지를 사용하려면 자른 채소를 모두 랩으로 싸서, 전자레인지에 맡기면 눈 깜짝할 사이에 완성. 우엉, 무, 무청, 뿌리채소류를 같이 넣으면 잘 어울리는 또 하나의 일품요리가 됩니다.

21시부터 만드는 밥

생활에 디자인을

후나바시에 있는 IKEA(이케아, 스웨덴에서 태어난 대형 가구점입니다)에 다녀왔습니다.

IKEA에 가보니 모두들 눈을 번쩍번쩍 빛내며 '생활을 바꿔주겠어!' 하는 에너지를 방출하고 있었습니다. 수많은 조명 기구나 어린이용 가구를 뚫어져라 쳐다보는 사람들. 연령층도 어린아이부터 정년이 지난 노부부에 이르기까지 아주 다양합니다. 카린도 "엄마, 나 크면 이런 책상 사줘" 하고 하얗고 귀여운 책상 앞에 앉아서 꿈을 꿉니다.

최근 일본의 소비자는 돈을 쓰지 않게 됐다고들 뉴스에서 떠드는데, IKEA 매장 엘리베이터에 빈자리 하나 없이 빽빽하게 들어찬 사람들을 보니 아무래도 그 말은 틀린 것 같습니다. 어쩌면 그렇게 느껴지는 것은 일본인의 가치관이 변해서 돈을 쓰는 품목이 변했기 때문이 아닐까 싶습니다. 미국에 살면서, 유럽 인들과 같이 일을 하면서 '이런 점이 우리랑 다르구나' 하고 생각한 것 중 하나는 바로 돈을 사용하는 '부분'에 대해서였습니다. 내가 생각하기에 일본인은 핸드백이나 옷, 자동차나 외식에 돈을 많이 쓰고, 서양인들은 가구나 여행, 콘서트나 미술관 관람에 돈을 많이 쓰는 것 같습니다. 특히 서구의 젊은이들은 티셔츠와 청바지만 입으면서 정열적으로 돈을 모아 여행을 갑니다. 나도 대학생 때는 매달 돈을 모아 그걸로 여행을 간 적이 있었습니다.

하지만 이번에 IKEA에 갔을 때, '아, 어쩌면 이제 일본인도 물건을 소유하는 것에 대한 집착을 버리고, 경험을 쌓는 데 돈을 사용하게 되는 건지도 몰라' 하는 생각이 들었습니다. 가구를 산다는 것은 새로운 경험을 사는 것이기 때문입니다. 인테리어 이미지를 바꾸고, 듣는 음악을 바꾸고, 먹는 밥을 바꾼다는 것은, 새로운 자신을 만드는 방식입니다.

IKEA는 저렴한 가격으로 누구에게나 공평하게 그 경험을 제공해준다는 훌륭한 정책을 펴고 있습니다. 르코르뷔지에가 '보다 많은 사람을 행복하게'라는 이념으로 집합 주택을 만든 것과 일맥상통하는 부분일지도 모르겠습니다. 그래서 멋진 와인 글라스를 6개에 500엔에 팔 때도 있습니다. 소재의 마이너스 포인트는 디자인으로 커버합니다. 최초에 '디자인으로 생활을 향상시키는 것이 가능하다'고 믿었던 창업자가 있었고, 또 그 생각을 지지하는 디자이너, 생산자가 있었기에 가능했던 일입니다.

일본인은 돈을 쓰지 않게 된 것이 아니라 일본인이 만들어낸 것 중 사고 싶은 게 없어진 것이 아닌가, 순간 그런 생각도 들었습니다. 또 브랜드 백도 구두도 다 멋있지만 더 이상 장롱에 들어갈 자리가 없습니다. 그리고 일본에서 생산하는 상품은 디자인적으로 딱히 이거다! 할 만한 특징도 없습니다. 가전제품도 마찬가지. 오히려 한국의 삼성 제품이 훨씬 더 멋진 걸요.

IKEA에서 본 일본인은 생활을 디자인하려는 꿈을 가진 사람들이었습니다. 애당초 훌륭한 미니멀 디자인에 색상 배합이 믿기 힘들 정도로 좋았던 일본인의 멋진 디자인 센스가 오랜 세월 동안 변화의 파도 속에서 잠들어버린 게 아닌지 모르겠습니다. 하지만 분명 일본인의 디자인 정신은 다시 깨어날 겁니다. 기능적인 측면만 보고 승부를 하는 것만 그만두면 말이죠. 스스로의 과거를 돌아보고 세계를 둘러보고 좋은 점만을 남긴다면 앞으로는 좀 더 멋지게 살아갈 수 있지 않을까, 기대하고 있습니다.

나도 약간의 변화를 주었습니다. 항상 사는 캔들의 10분의 1 가격으로 바꾼 캔들. 앞으로는 매일 밤 이 캔들과 함께하겠지요.

촛대는 대학 시절 여행을 갈 때마다 항상 골동품 가게를 헤집고 다니며 저렴한 것을 찾아 사둔 것이 있습니다. 작은 것이지만 아주 소중한 추억이 담긴 물건이지요. 현지 가게 분위기가 지금도 생생하게 기억나네요.

베리 타르트

북 유럽에서는 수제 타르트로 친구들을 대접한다. 멋진 시간이 될 것이다.

재료(24~26cm 타르트형 1개 분량)

타르트 생지 - 박력분 180g(약 1½컵 수북하게), 버터 100g(1/2개), 그라뉴당(시럽을 만드는 설탕) 80g(1/2컵 깎아서), 달걀 노른자 1개 분량, 차가운 물 2큰술

아몬트 생지 - 박력분 60g(1/2컵 수북하게), 버터 120g, 그라뉴당 120g(2/3컵), 달걀 1개, 아몬드(무염 통아몬드) 100g, 혹은 아몬드 파우더 3/4컵

베리(블루베리, 블랙베리, 라즈베리 등) 1½컵(조금이어도 된다)

만드는 법

1. 오븐은 180℃로 예열해둔다. 푸드 프로세서로 통아몬드를 부숴서, 볼에 넣는다. 아몬드 파우더를 준비해도 좋다.

2. 타르트 생지 재료를 푸드 프로세서에 넣고 30~40초 정도 섞는다. 그런 다음 잽싸게 손으로 뭉친다. 타르트 틀에 타르트 생지 덩어리를 놓는다. 손가락으로 펼치면서 깔고, 그 위에 베리를 뿌리듯 얹는다(면봉을 사용해도 되지만, 모양을 신경 쓸 필요 없이 그냥 뿌리는 게 더 좋다).

3. 아몬드 생지를 만든다. 아몬드 이외의 모든 재료를 푸드 프로세서에 넣고 섞는다. 마지막에 아몬드를 넣고 몇 초간 섞는다. 아몬드를 섞은 아몬드 생지를 동그랗게 뭉쳐 베리 위에 손가락으로 펼치면서 얹는다.

4. 180℃로 예열한 오븐에서 30~35분 정도 굽는다. 색깔을 보면서 적당히 굽는다.

---

*다음 날 간식으로 그대로 먹어도 되고, 냉동해뒀다가 해동해서 먹어도 맛있습니다.

유럽에서 온 맛있는 과자

생활을 아트하다

벚꽃 잎이 군데군데 갈색을 띠기 시작하고 저녁노을이 아름다운 계절
이 되었습니다. 친구가 놀러 오기도 하고, 캔들을 켜고 식사를 할 기회
가 늘어났습니다. 캔들을 밝히느냐 밝히지 않느냐에 따라 집 안 분위
기가 엄청나게 달라집니다. 내가 '생활을 연출'하는 데 가장 큰 영향을
받은 건 역시 덴마크를 비롯한 북유럽의 나라들입니다.

북유럽은 디자인의 나라입니다. 접시도 촛대도 보온병도 도마도, 아
무튼 눈에 들어오는 것마다 어쩌면 다 그렇게 심플하고 아름다운 것

투성이일까요! 디자인 위주의 소품은 여기저기 많지만, 기능과 디자인 모두를 고려한 것들로는 북유럽의 소품이 최고인 것 같습니다. 그런 디자인을 탄생시킬 수 있었던 것은, 분명히 그들의 겨울이 너무나도 길어서 집에서 보내는 시간이 많기 때문이 아닐까, 하는 생각을 해봅니다.

2월에 덴마크에 출장을 갔을 때의 일입니다. 저녁노을이 질 무렵이 되자 집집마다 창가라는 창가에는 모두 하얀 캔들이 켜지더군요. 마치 캔들이 좀처럼 모습을 보여주지 않는 태양을 대신하듯 따뜻하게 차가운 창밖 풍경까지 디자인하고 있었던 거죠. 매우 아름답고 인상적인 풍경이었습니다. 어느 집 창에도 커튼 같은 것은 없었습니다. 방의 조명도 램프 한두 개를 켜놓는 게 전부였습니다. 캔들의 빛을 즐기기 위해 전체 조명을 꺼놓았기 때문입니다.

마침 학창 시절 친구 커플과 그들의 딸이 함께 살고 있는 집에 초대되었는데(덴마크에서는 동거한 다음에 결혼하는 것이 상식인 듯합니다. 아이가 있어도 그들처럼 결혼하지 않는 사람도 많습니다) 어린 딸이 있어도 창가에는 예외 없이 캔들이 있었습니다. 게다가 그 캔들을 지지하고 있던 촛대는 친구인지 친척 아주머니한테 선물 받은 것인데, 딸에게 물려줄 거라고 합니다. 집 안 곳곳에는 신중하게 고른 가구와 와인 글라스가 있었는데, 그것들과 집 조명은 사는 사람의 인생을 디자인하고 있는 듯 보였습니다.

그들은 일본의 디자인이 굉장히 마음에 든다고 말했습니다. 장지문이나 유키미마도(눈을 감상할 수 있게 만든 창문-옮긴이), 툇마루 같은 것을 말하는 모양입니다. 문득 어쩌면 일본의 조명도 옛날에는 덴마크와 같은 방식이었을지도 모른다는 생각을 해봅니다. 처마 끝을 길게 늘여 툇마루를 만들어 한풀 꺾인 햇빛을 잡아 가두고, 일부러 음영을 만들고, 병풍 등으로 빛의 반사를 즐겼으니까요. 북유럽 사람들은 자신들이 사는 지역이 어둡기 때문에, 다른 지역 사람들보다 유난히 빛의 밝음과 따뜻함에 민감하고 그것을 소중하게 다룰 줄 압니다. 또 물건을 애지중지하고 생활을 애지중지합니다. 그런 북유럽 인의 마음을 본받아, 나도 그들처럼 쓰면 쓸수록 그 맛이 더 우러나오는 물건만 사려고 노력하고 있습니다.

크레용이 묻은 벚나무 테이블도, 약간 흠집이 난 은으로 된 커틀러리도, 딸내미들한테 물려줘야겠습니다.

몽땅 다 1인 쇠고기 레드 와인 조림

몽땅 다 1이라는 아름다운 숫자로 나열된 레시피. 간단하지만, 굉장히 맛있다.
시간이 허락한다면 1킬로그램 단위로 느긋하게 만들자.
냉동실 안에서 꾸벅꾸벅 졸고 있는 '행복'을 발견하게 될 것이다.

재료(6인분)

쇠고기(스튜용 편육) 1kg, 당근(대) 1개, 양파(대) 1개, 셀러리(대) 1개, 토마토(대) 1개, 토마토 캔(홀 토마토) 1캔(약 400g), 올리브 오일 100ml, 레드 와인 1컵(200ml), 홍고추 1개, 레몬 과즙 1개 분량, 레몬 껍질 간 것 1개 분량, 소금 1큰술, 오레가노(향신료)·후춧가루 적당량, 으깬 감자 2개 분량, 파슬리 다진 것 약간

만드는 법

1. 쇠고기를 한입 크기로 큼지막하게 썬다. 당근, 양파, 셀러리는 다진다(푸드 프로세서로 대강 다져도 좋다).

2. 큼직한 냄비에 올리브 오일을 넣고 중간 불에 올리고, ①의 채소를 넣어 볶는다. 채소를 다진 경우에는 5분 정도 투명해지면서 향이 나올 때까지 볶는다.

3. ②의 페스토(소스)를 냄비 끝으로 몰고 남아 있는 공간에 쇠고기를 넣고, 표면의 색이 변할 정도로 살짝 익혀둔다.

4. 잘게 썰어둔 토마토와 손으로 으깬 캔 토마토, 레드 와인, 다진 홍고추, 오레가노를 ③의 냄비에 넣어 섞은 후 센불로 올린다. 끓으면 약불로 바꾸고 레몬 과즙과 레몬 껍질 간 것을 넣고 소금과 후춧가루로 간을 맞춘다. 약불로 고기가 부드러워질 때까지 3~4시간 정도 뭉근히 끓인다(고기에 따라서는 6시간이 걸릴 수도 있다).

5. 그릇에 ④와 으깬 감자를 담고, 파슬리를 토핑한다.

세 그릇으로 접대 끝

CD와의 만남

좋아하는 영화도 보지 않고 음악도 듣지 않고 오로지 새로운 일과 격투하다 문득 시계를 보니 시간이 훌쩍 지나갔길래, 바로 일을 그만두고 CD를 정리했습니다. 마일즈 데이비스만으로도 10장 이상, 빌 에반스만으로도 거의 10장, 그리고 다양한 아티스트의 재즈, 클래식, 그외 장르까지 포함하면… 엄청난 숫자입니다(딸내미들 장난감은 쉽게 버릴 수 있어도, CD를 버리는 데에는 항상 용기가 필요합니다!). 하지만 CD를 듣고 있으면 너무 행복합니다. 그도 그럴 것이 이 CD 한 장 한 장에는 연주

자뿐 아니라 프로듀서나 디자이너, 믹서 등 만든 사람의 영혼이 담겨 있으니까요. 가슴을 울리는 멜로디와 만나는 순간에는 항상 가슴이 두근! 하고 뛴답니다. 한편 아이폰에 넣어 휴대하면서 들으면 같은 음악도 다른 음악이 됩니다. 스피커를 통해 듣는 소리와 이어폰으로 직접 듣는 소리는 또 다르니까요. 이어폰으로 듣는 소리는 좀 더 개인적인 이야기를 들려주는 것처럼 느껴집니다. '이 사람은 자신의 한계까지 끌어올려 연주하는구나. 이 사람은 왠지 분노에 부딪치고 있는 것 같아.' 어느새 그런 것들을 저절로 깨닫는 자신을 발견하게 되거든요. 그 사람과 친구 사이도 아닌데도 마치 서로 이야기를 주고받는 느낌입니다. 결국 사람이 만드는 창작물은 그 사람의 경험 속에 갇혀 있는 생각의 한 조각입니다. 그리고 우리는 음악을 통해, 그 생각을 멋진 형태로 디자인해 세상에 내놓는 것을 보는 건지도 모르겠습니다.

음악은 원래부터 좋아했지만, 정말로 진지하게 좋아하게 된 것은 편집 일을 하는 해외의 에디터에게 좋은 앨범을 소개받은 다음부터입니다. 편집부에 가면 그 에디터는 언제나 굉장히 센스가 좋은 음악을 들으면서 작업을 하고 있습니다. 재즈일 때도 있고 록, 힐링, 댄스 뮤직, 클래식 등 장르도 무척이나 다양한데, 그 사람이 음악을 선택하는 센스는 때로는 그의 편집 센스와 무척이나 닮았다는 생각이 들기도 합니다. '참 좋은 일을 하는 사람이구나' 하는 생각만 하다가, 드디어 그에게 "좋아하는 CD를 10장만 소개해주지 않을래요?" 하고 부탁해서, 리스트를 받아서는, 바로 그 메모를 손에 들고 가까운 레코드 숍에 CD

를 사러 갔습니다(언젠가 사야지 하고 생각하면 결국 절대 사지 못하는 법이거든요). 당장 사 온 CD 케이스를 그의 스튜디오에서 삐질삐질 뜯어서 라이너 노트를 읽습니다. 그랬더니 "맞아 맞아, 바로 그거야. 한번 걸어봐요" 하고 에디터가 직접 CD 플레이어에 CD를 넣어주었습니다. 흐르는 곡은 마일즈 데이비스의 'Kind of Blue'. 그 순간 온몸에 소름이 쫙 돋았습니다. 좋은 것은 몸이 가르쳐준다는 말. 정말입니다!

아이가 태어난 다음 한동안 하지 못했던 CD 숍 순례. 좋았어! 오늘은 저녁때 긴자의 야마노악기에 들러봐야지.

하룻밤 재운 치킨 로스트

좋아하는 음악을 들으면서 몸을 까딱거리면서, 와인을 마시면서,
고기가 오븐에서 익는 것을 기다리는 시간은 실로 행복 그 자체. 옆에서 보면
그냥 술에 취한 아줌마가 음악에 맞춰 치킨을 기다리는 것으로 보이겠지만.

재료

닭 다리(뼈 붙은 걸로) 4개, 크기가 크면 3개(없으면 그냥 살코기도 괜찮지만 뼈째로 하는 게 더 맛있다. 크면 2등분한다), 달걀 1개, 달걀노른자 1개 분량, 올리브 오일 100cc, 씨 머스터드 1큰술, 다진 마늘 1작은술, 소금 2작은술

만드는 법

1. 넓적한 접시나 타파에 달걀, 달걀노른자, 올리브 오일, 씨 머스터드, 다진 마늘(바로 갈아 쓰는 게 좋으나, 튜브에 든 것이라면 아주 약간만), 소금을 넣어 섞고 닭 다리를 담근다. 전체에 끼얹은 다음 재워둔다.

2. 오븐 팬 위에 그물망을 놓고(기름이 상당히 많이 떨어진다) 그 위에 즙을 털어낸 닭 다리를 얹는다. 180℃로 예열해둔 오븐에서 40~50분 굽는다. 닭 날개 부분이라면 30분 정도면 완성된다. 생선구이용 그릴에서 구우면 눈 깜짝할 사이에 완성된다.

*이 양념장에는 소금도 포함되어 있으므로 나중에 묻혀서 구우면 간단합니다. 이대로 냉동해두면 해동해서 굽기만 하면 되니 편리합니다. 오븐은 각각 개성이 있으니 40분으로 해놓고 황금색이 되지 않으면 다시 10분, 또 다시 10분, 굽는 시간을 늘려주십시오.

와인 파티를 합시다

등산녀

여름 끝물에 정말 좋아하는 가미코치에 다녀왔습니다. 도쿄 역에서 특급 아즈사를 타고 마쓰모토 역으로 간 후, 거기서 단선과 버스를 이어서 갈아타면, 여섯 시간쯤 걸려 가미코치에 도착합니다. 전차를 타고 천천히 스쳐 지나가는 풍경을 가만히 바라보고 있자니, 가미코치에 처음 갔을 때의 일들이 새록새록 떠오릅니다.

대학교 시절 여름방학, 미국에서 잠시 귀국해 도쿄 할아버지 댁에 놀러 갔을 때의 일입니다. 아침 신문에 '여행 친구'라는 전단이 끼어 왔는

데, 할아버지가 거기에 쓰여 있는 다양한 여정 플랜과 요금표를 뚫어져야 바라보고 계셨습니다. "할아버지, 어디 여행 가시려고요?" 하고 내가 물으니 "그런 게 아니라 이걸 보면서 그때 그 봄에 여기에 갔었구나, 겨울에 추울 때는 저기에 갔었구나, 하는 걸 떠올리는 거야. 재밌잖니" 하고 말씀하셨습니다. 그러고 보니 '여행 친구'만은 항상 버리지 않고 모아두는 곳이 따로 있었습니다. 할아버지는 아침 드라마가 끝나면 가끔 이렇게 '여행 친구'를 들여다보는 습관이 있었습니다. 할아버지는 여행을 많이 하셨고 추억도 많이 만드셨는데, 연세가 드시고 다리가 안 좋아진 다음에는 그 추억을 기억의 서랍에서 꺼내서 할머니와 차를 마시면서 이야기하고, 우리에게 얘기해주는 것이 노후를 즐기는 그만의 방법이었던 것입니다.

어느 날 아침, 할아버지가 "리카, 오제와 가미코치는 꼭 가봐. 정말로 아름답단다. 갓파교에서 본 경치는 정말 평생 잊을 수가 없구나" 하고 말씀하셨습니다. 할아버지랑 할머니는 시간이 있어도 돈은 없는 대학 시절, 그런 나에게 가끔 "여행하는 데 써라" 하면서 1만 엔씩 용돈을 주셨습니다. 그래서 나는 그 돈으로 도쿄를 기점으로 오제와 가미코치를 혼자 여행하게 되었습니다. 처음으로 가미코치에 갔을 때는 아직 신록이 싱그러운 6월. 숲 속 나무들의 나뭇가지 끝에는 만지면 아직 보드라운 아기 잎이 많이 나 있어서, 하늘을 우러르면 엄마 잎과 아기 잎이 즐겁게 춤을 추고 있는 것처럼 보였습니다.

이번에 간 건 8월 하순. 6월과는 또 전혀 다른, 좋은 것들이 보였습니다. 초록은 더욱 깊게 우거지고, 바람도 한층 더 시원했습니다. 갓파교 주위에 사람이 너무 많은 탓에 그곳을 통과하는 데 한 시간이나 걸려 '산 안내자'란 이름의 산장에 도착했습니다. 거기서 이틀을 묵기로 했습니다. 그날은 일찍 자고 다음 날 아침 눈을 뜨니 쾌청한 날씨! '다케사와휴테'라는 산허리를 목표로 하이킹을 시작했습니다.

어떤 일에도 공통되는 사항이겠지만, 역시 다소의 고생 없이 멋진 것을 만나는 일이란 없습니다. 산도 마찬가지라서, 정말로 아름다운 풍경을 보려면 고생해서 올라가는 수밖에 없습니다. 전에 갔을 때는 슝~슝~ 올라갔는데 이번에는 체력이 떨어져서 그런지, 영차, 영차, 이런 느낌으로 힘들게 산을 올라갔습니다. 하지만 가는 곳마다 엉겅퀴꽃이 흐드러지게 피어 있어 "파이팅, 파이팅!" 하고 응원해주는 것 같았습니다.

겨우 산막에 도착한 건 걷기 시작한 지 세 시간 가까이 되었을 때쯤이었습니다. 완전히 녹초가 됐지만 배낭에 넣어 가져간 빵과 산막에서 주문한 500엔짜리 커피가 어쩌나 맛있던지! 당연한 말이지만, 맛이라는 것은 독립된 감각이 아니라 주위 분위기나 상황에 따라 수시로 변하는 법입니다. 내게는 언제나 엄마가 만들어준 식빵 껍데기 튀김 과자나 저녁밥으로 만들어준 햄버거가 어떤 다른 음식보다 맛있는 것처럼 말이죠. 먹는 것도 사람과의 만남과 비슷해서, 장소마다 전혀 다른 맛을 낸답니다.

가미코치에서 커다랗고 파란 하늘을 내려다보며 걸을 수 있는 만큼 한껏 걸습니다. 그러면 마지막 버스를 탈 때는 다리가 뻣뻣해지지요.

하지만 맛있는 공기를 실컷 들이마신 내 몸은 "이제 건강해졌어. 또 다시 오자"고 말하는 것 같습니다. 역시 나는 아주 고급스러운 호텔에서 자고 진수성찬을 먹는 것보다, 산과 바다가 보이는 오두막 같은 곳에서 귀뚜라미 소리를 들으며 잠들고 주먹밥을 먹는 편이 훨씬 더 좋습니다. 정말로 아름다운 기억이란, 실은 돈과는 전혀 관계없는 어떤 곳에 존재하는 거라는 생각을 해봅니다.

이 기세로 올가을에는 도시락을 많이 만들어 도쿄 근교 하이킹이라도 해볼까요?

김도시락

산에 가지고 가고 싶은 도시락 넘버원은 언제나 달걀말이와 김도시락.

별로 특별할 것도 없어 보이지만,

지친 사람을 압도적으로 행복하게 해주는 파워를 가졌기 때문이다.

피곤하거나 체력이 떨어지면, 먹고 싶은 건 부드러운 음식뿐.

음… 김도시락은 도시락계의 마라토너라고 생각한다.

재료(1인분)

갓 지은 밥 원하는 만큼, 김 1/2장, 가쓰오부시 1/2팩, 간장 2작은술, 시오자케(자반연어) 1조각, 달걀 2개, 소금 약간, 매실 1개, 긴토키마메(강낭콩 조린 것) 원하는 만큼

만드는 법

1. 달걀말이를 만든다. 볼에 달걀과 소금, 설탕을 넣고 잘 섞는다. 프라이팬을 중간 불로 가열한 후, 층을 만들면서 굽는다.

2. 시오자케는 그릴이나 오븐 토스트기로 5~7분 정도 알맞게 굽는다.

3. 도시락 통에 김도시락을 만든다. 먼저 갓 지은 밥을 깔고, 그 위에 가쓰오부시를 얹고, 간장을 살짝 뿌린다. 그 위에 김을 찢어서 얹고(그냥 얹는 것보다 찢어서

얹으면 먹을 때 김이 벗어지지 않아서 편하다), 그 위에 밥을 얹은 다음 가쓰오부시를 얹고, 간장을 뿌린다. 마지막에 김을 쫙 펴서 얹는다.

4. 달걀말이, 시오자케, 매실, 긴토키마메 등을 넣으면 완성!

이야기가 있는 요리

노코노시마 여행

여동생 지하루와 그녀의 아들인 소타, 나와 내 딸 카린, 이렇게 넷이서 후쿠오카 노코노시마로 당일치기 여행을 다녀왔습니다.

노코노시마는 후쿠오카 메이노하마라는 곳에서 배로 가는 작은 섬입니다. 유명 관광지는 아니지만 후쿠오카 시내에서 잠깐 배를 타고 들어가면 갈 수 있는 곳이기 때문에, 후쿠오카 현 사람들에게는 친숙한 관광지입니다. 아이들은 튜브를 가지고, 남자들은 낚시 도구를 가지고 섬에서 즐거운 한때를 보냅니다. 물론 해수욕도 즐거워 보이지만

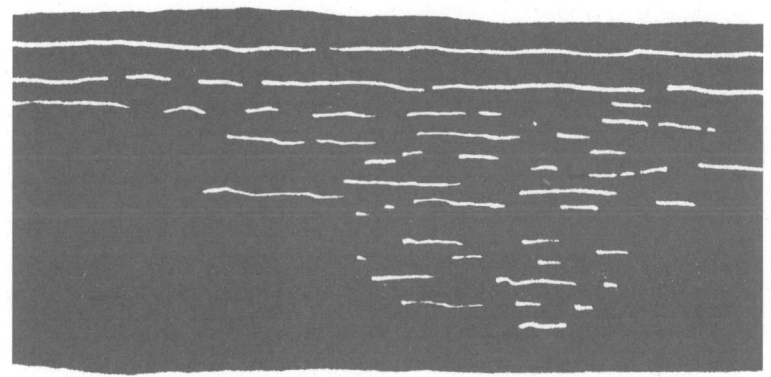

오늘의 관광 포인트는 섬 정상에 있는 아일랜드 파크라는 자연 공원입니다. 긴 세월 속에서 멋지게 자란 나무들은 마치 남국의 정글처럼 보입니다. 마음 저 안쪽에서부터 "여기 정말 멋지다!" 하고 외치고 싶은 기분이 저절로 드는 풍경입니다. 후쿠오카인데도 태국처럼 흐드러지게 피어 있는 부겐빌레아. 후쿠오카인데도 하와이처럼 펼쳐져 있는 푸른 바다. 이 훌륭한 경치 속에서 먹은 정말 맛있는 갓필래프(갓을 넣은 볶은 밥)!

"지하루, 이제 외국에 갈 필요 없겠다. 앞으로 다 같이 노코노시마에 오면 식구들 모두 하와이 여행 온 기분을 낼 수 있겠어." 우리는 벌써 이곳에 대가족을 거느리고 다시 올 계획을 세우며 숙박용 방갈로나 바비큐 광장을 구경하며 돌아다녔습니다.

돌아올 때는 다시 배를 탑니다. 배는 한 시간에 한 대씩 운항. 이제 배를 타려고 하는데, 소타가 타려고 하질 않습니다. 길에 누워서 손발을 허우적대면서 "싫어, 싫어" 하고 발버둥을 쳤습니다. 소타는 태어날 때부터 뇌에 장애가 있어서, 익숙하지 않은 것을 굉장히 무서워합니다. 다들 괜찮을까? 하는 얼굴로 소타를 쳐다보고 있고, 여동생은 "죄송합니다. 여기서 돌아가려면 배로 가는 수밖에 없나요?" 이런 바보 같은 질문을 승무원에게 해봅니다. 여긴 섬인데 배로 안 가면 무엇으로 가나요.

그런데 그때 "무슨 좋은 수가 없을까?" 하면서 남자들이 웅성웅성 모여들기 시작했습니다. "다 같이 안고 가자" 하고 말하는 사람이 있는

가하면 "아니야, 다 같이 안으면 더 무섭지 않을까?" 이렇게 말하는 사람도 있습니다. 그 말을 듣고 한 젊은 남자 승무원이 "제가 안을게요" 하더니 갑자기 소타를 안아 들었습니다. 소타는 33킬로그램. 발버둥 치고 있으니까 40킬로그램, 아니, 50킬로그램으로 느껴질지도 모르는 소타를 안은 채 빙그레 웃으며 배까지 데려가더니 "선실에 가서 재밌는 거 할까?" 하고 말을 걸어주었습니다.

도와주신 많은 분들의 햇빛에 검게 탄 건강한 얼굴. 그리고 그 미소. 다정한 목소리. 그렇지 않아도 노코노시마는 정말 멋진 섬인데, 이렇게 좋은 분들을 만나다니, 눈에서 물이 나올 것 같았습니다. 이미 여동생의 눈에는 눈물이 그렁그렁 가득 차 있었습니다. 여동생은 "소타가 말이지. 저렇게 말썽을 부리긴 해도 요즘엔 사람 눈을 피하지 않게 됐어. 그러니까 사람들이 얼마나 상냥한지, 다 느낄 수 있을 거야" 하고 말했습니다. 여동생의 얼굴은 그 승무원처럼 햇빛에 그을리지는 않았지만 역시 멋진 미소를 띠고 있었습니다.

훌륭하구나, 지하루야. 내동생이지만 마음으로 짝짝짝! 박수갈채를 보냈습니다.

우연히 도착한 곳이 사람들의 마음속 깊은 곳의 상냥함이었을 경우, 여행은 한층 더 멋진 곳으로 변합니다.

작은 여행. 하지만 커다란 추억을 만들 수 있는, 배 여행이었습니다.

여동생은 아이들과의 생활을
'지하루의 웃음 일기'라는 블로그에 게재하고 있다.

우스운 이야기지만 읽다 보면 눈물이 나오고
슬프지만 읽다 보면 웃음이 나오는 이야기들.
지하루는 관찰력이 좋아서 그걸 글로 표현하니
이렇게 천재적인 글이 나오는구나, 하고 생각한다.
그러니까 내가 하고 싶은 말은…
동생아! 존경하고 있단다~.

햄가스

햄가스? 전혀 특별하지 않은 재료로 만드는데도, 존재감만큼은 최고.
뿔뿔이 흩어졌던 식구들이 모인 것처럼
햄과 밀가루와 달걀과 빵가루가 함께 모여 하나의 예술 작품이 되었다.

재료(2인분)

햄 6장, 양배추 1장, 밀가루 1/2컵 정도, 달걀 1개, 빵가루 1컵, 튀김용 기름 적당량

*집에 있다면 레몬과 씨 머스터드 약간.

만드는 법

1. 우선 양배추를 잘게 채 썬다.

2. 볼이나 사발을 3개 준비하고, 각각의 볼에 밀가루, 달걀 푼 것, 빵가루를 따로 담는다.

3. 3장씩 겹친 햄에 밀가루를 묻히고 여분의 밀가루를 턴 다음 달걀에 담갔다가 빵가루를 묻힌다.

4. 튀김용 기름을 중간 불로 예열하고, ❸을 짙은 황금색으로 튀긴다. 그런 다음 레몬즙과 씨 머스터드, 혹은 츄노소스(돈가스 등 튀김요리에 사용하는 소스)를 뿌려서 낸다.

오늘 밤은 집밥

마음의 고향, 태국

가끔 불현듯 태국에 가고 싶어질 때가 있습니다.

비행장에 도착하면 싱하 맥주를 마시고, 방콕에 도착하면 숯으로 구워낸 치킨을 먹고, 찹쌀과 파란 파파야 절임 샐러드 같은 것을 먹습니다. 그리고 해가 떨어지면 차오프라야 강을 바라보면서 오리엔탈 호텔 테라스에서 칵테일을 마시고, 조금 아플 정도로 센 태국식 발 마사지를 받은 후, 깊은 잠에 빠지는 거지요.

여행이나 일로 여러 나라를 가봤고, 맛있는 것도 먹어봤고, 멋진 것들

도 많이 봤다고 생각하는데, 나에게는 그중에서도 역시 태국이 최고로 원더풀한 나라입니다. 물론 맛있는 음식이나 맥주도 좋지만, 그 이상으로 태국인이 살아가는 방식이나 사고방식을 좋아하기 때문일지도 모르겠습니다.

일본인의 가치관은 전후戰後라는 상황과 서구화가 동시에 진행되면서, 쓸데없는 것을 생략하고 합리화하는 방향으로 변했습니다. 그러면서 더 많은 돈을 소유하고 보다 좋은 학교에 들어가고 생활의 안정과 풍요로움이 가장 중요하다고 생각하게 된 것 같습니다.

하지만 신기하게도 태국이라는 나라는 그런 사고방식이 파고들기 힘든 듯 보입니다. 레스토랑에 아이를 데리고 들어가려고 하면, 웨이트리스가 몇 명이나 나와서 아이를 얼러줍니다(이런 쓸데없는 서비스도 받을 수 있습니다). 바이크 택시를 모는 젊은 택시 운전사들은 콜라병 뚜껑으로 체스를 하고 느긋하게 환담을 나눈 다음 도로 옆에서 낮잠을 잡니다(이건 직무 방임이라고도 볼 수 있겠네요). 또 그렇게 필사적으로 일하지 않으니까 돈이 없는 게 당연한데도 항상 여유만만합니다. 어째서일까요? 자연 자원이 풍부하니까? 아니면 불교 나라라서? 항상 궁금합니다.

예전에 태국 아이가 나에게 불교의 가르침 중 중요한 것 중 하나가 '자신을 안다'는 덕목이라는 말을 해준 적이 있습니다. 그 아이는 자신을 안다는 것은 자신이 어떻게 걷고 있는가, 자신이 어떻게 움직이고 있는가와 같은 자기관찰에서 시작된다고 가르쳐주었습니다.

일본에서는 누군가가 이런 걸 했으니까 나도 해보고 싶다, 이런 것을 샀으니까 나도 사고 싶다, 이런 멋진 유치원에 아이를 보내니까 자신의 아이도 보내고 싶다는 등 약간은 무리해서 자신 이상以上이 되려고 노력하는 것이 좋다는 인식이 있습니다(뭐든 '하면 된다'고 믿어버리는 이상理想이라고 표현하는 게 적절할까요?). 반면 태국의 불교에서는, 내 멋대로 상상해보자면, 자신을 알고 자신의 능력 안에서 베스트를 만드는 것이 중요하지, 다른 사람과 비교해서 보다 더 좋아지는 것은 그다지 중요한 게 아니라는 가르침을 전달하고 있는 듯합니다.

일본에도 '자신의 키를 알라'라는 말이 있습니다. 의미는 약간 다르지만 '자신을 안다'는 것과 똑같은 쓰임새로 쓰이는 말이라고 생각합니다. 사실 무리해서 다른 사람이 되려 하는 건 굉장히 피곤한 일입니다. 또 설령 무리해서 그렇게 되었다 하더라도, 결국 마지막에 지치는 것은 자신입니다. 위의 말들은 자신을 관찰함으로써 자신의 능력을 파악하고, 그것에 적합한 일을 하고, 자신에게 어울리는 것을 사고, 현재를 받아들이며 살아가는 것이 정신적으로 행복하다는 의미겠지요.

사람은 제각기 다른 재능을 부여받아 이 세상에 태어납니다. 그러니까 똑같은 것을 지향하는 것은 애당초 무리가 있는 말입니다. 또 아무리 노력해도 불가능한 일도 얼마든지 있습니다.

'태국은 젊을 때 가라'란 문장은, 멋진 선배 카피라이터가 예전에 태국국제항공을 위해 쓴 광고 카피입니다. 이번 캠페인에서는 반드시 '태국은 아줌마가 가라. 아저씨가 가라'고 썼으면 좋겠습니다. 인생을 리셋하고, 중요한 것을 다시 떠올릴 수 있도록 말이죠.

다음에는 언제 갈 수 있을까요? 아름다운 미소의 나라, 태국에.

한 번쯤은 태국에서 살아보고 싶다

태국인은 말랑말랑 유연하다. 좋은 의미로 어중간하다.
위의 말들이 정확히 딱 들어맞는 나라, 태국.
태국 요리는 맛있다. 그 속에서 끊임없이 놀라운 발견을 하게 된다.
아! 이렇게 얘기하다 보니 갑자기 먹고 싶다. 배 위에서 먹는 국수.

낫는 순간

허리가 아파도, 발이 아파도, 혹은 귀에 작은 이상이 생겨도, 인간의
몸은 균형을 잡지 못합니다. 인간이라는 것이 얼마나 신비롭고 완전한
밸런스 위에 성립되어 있는지 알 수 있는 단적인 예지요. 나는 10대에
편두통, 그것도 극심한 고통을 동반한 편두통으로 대학 병원에 입원
까지 한 적이 있고, 20대에는 난청으로 고생했습니다. 하지만 지금은
용케도 평상시에는 그 현상들이 나타나지 않습니다.

하려고만 하면 일을 더 잘할 수 있을지도 모릅니다. 좋은 인간이 되려고 노력하면 좀 더 좋은 인간이 될 수 있을지도 모르지요. 하지만 어떤 정점을 넘어서면 두통과 난청이라는 '스톱! 이 이상은 불가능합니다'라는 센서가 작동합니다. 어떻게 보면 참 편리한 센서입니다(웃음). 그러면 그 순간부터 일을 스톱하고 청소를 하거나 목욕을 하거나 쉬면서 시간을 보냅니다. 그런 다음 그때까지 마음속에 쌓여 있던 무엇인가에 대해 소중한 사람에게 털어놓고 있노라면 어느새 '아, 다 나았다' 하고 느껴지는 순간이 찾아옵니다. 그것은 정말로 긍정적이면서도 신기한 감각인데, 말로는 표현할 수 없지만, 아, 나았다, 이제 괜찮다, 하고 마음이 솔직하게 중얼거리는 순간입니다. 내 마음이 그렇게 중얼거리는 소리를 나 자신이 듣는 신기한 느낌이지요. 어제도 그랬습니다. 난청일 때도 그렇습니다. 두통을 겪을 때도 그렇습니다. 아마 마음속에서 쓸데없는 것을 밖으로 뱉어버리는 것만으로도(그것도 딱히 이렇다 할 사건이 아니라 '아, 그땐 이랬지'라든가 '이런 일도 있었어'라든가 '그렇게 생각하는 게 나을까?' 정도의 애매한 느낌입니다만. 웃음), 굉장한 에너지를 받는 것 같습니다. 그리고 "그랬어? 그랬구나" 하고 말해주는 사람이 있는 것만으로도 마음이 굉장히 편해집니다.

자신이 어디가 약한지 아는 것은 굉장히 중요한 일입니다. 그 결과 내가 깨닫게 된 것은 '난 참 약한 인간이구나~ 외로움도 참 많이 타는구나~ 그러니까 결국 나한테는 사람이 가장 중요하구나'라는 것입니다. 나머지는 무리해서 골몰할 필요는 없다고 생각합니다.

엄마는 항상 '좋은 어드바이저'입니다. 언젠가 예전에 내가 난청이 되었을 때는 그 이상 더 우울할 수 없을 만큼 지독히 우울한 음악 CD를 보내고는 "리카, 기분이 안 좋을 때는 아주아주 우울한 음악을 듣는 게 좋단다. 그걸 듣다 보면 모든 게 다 가볍게 느껴지거든" 하고 말해 주었답니다.

우울할 때는 무리해서 우울을 떨쳐버리려고 하지 않는 게 중요한 걸까요? 엄마는 안 좋은 기분에서 일어서는 데에는 상당한 시간이 걸린다는 것을 우회적으로 가르쳐준 셈입니다.

심플 소금 야키소바 (볶음우동)

피곤할 때에는 심플한 것이 좋다.

토마토 파스타, 매실 절임 주먹밥, 소금 야키소바, 그리고 맥주.

몸에 심플한 것을 넣으면 다시 한 번 심플한 상태로 돌아가게 된다.

야키소바도 이렇게 심플한 것이 더 맛있다.

재료(2~3인용)

중화면(삶은 것) 2묶음, 숙주나물 1/2봉지, 식용유 2큰술, 생강(다진 것) 1큰술, 마늘(다진 것) 1/2작은술

A - 물 1/2컵, 술 1큰술, 난프라(혹은 간장) 1작은술, 소금 1/2작은술, 후춧가루 적당량

샹차이(고수, 혹은 양파) 듬뿍, 레몬즙·홍고추(기호에 따라) 적당량

만드는 법

1. 볼에 A를 넣고 잘 섞어둔다.
2. 숙주나물은 다른 볼에 넣고, 식용유를 약간(분량 외) 뿌려 물기가 생기는 것을 막는다. 샹차이는 잘게 썬다(줄기도 맛있다).
3. 중화면은 내열 그릇에 넣고 2분 동안 전자레인지로 익힌다.
4. 프라이팬에 기름을 두르고 불을 올린 후 생강, 마늘, 숙주나물을 넣고 살짝 볶는다. 거기에 중화면을 넣고 다시 볶은 다음, ①을 넣어 수분이 없어질 때까지 볶는다.
5. 마지막에 샹차이를 듬뿍 올리고, 레몬즙을 뿌린다. 매운 것을 좋아하는 사람은 잘게 썬 홍고추도 뿌린다.

건강에 좋은 아시아 밥

다카미야고궁 1번지

오랜만에 아이를 맡기고, 나만의 시간을 보내기 위해 긴자의 영화관에 갔습니다. 마침 시간이 맞는 영화는 한국 영화 〈말아톤〉뿐이었습니다. 그러고 보니 화제가 되었던 것 같기도 합니다. 바로 티켓을 사서 들어갔습니다.

꽃미남이라도 나오는 걸까, 하면서 가슴을 두근거리며 보고 있는데 스토리 전개를 보니 영 그런 종류의 영화가 아닙니다. 주인공은 꽃미남이기는커녕 자폐증을 앓는 남자애. 그리고 그 아이가 좋아하는 것

을 찾아주려고 안간힘을 쓰는 엄마. 엉뚱한 기회로 남자아이를 가르치게 된 변변찮은 전직 마라토너. 그들의 이야기였습니다. '이런, 오락 영화가 아니었잖아' 하고 순간 실망했지만(그렇잖아요. 피곤할 때는 웃을 수 있는 영화나 멋진 배우가 나오는 영화를 보고 싶으니까) 내 예상을 뒤엎고 웃을 수 있는, 게다가 훌륭한 영화였습니다.

주인공의 모습은, 여동생의 아들, 소타와 많은 부분이 오버랩됩니다. 누구나 보통 혼자 밥을 먹고 책을 읽을 수 있고 신호의 의미를 아는 것은 당연하다고 생각하지만, 실은 그런 것들이 가능한 사람은 운이 좋은 사람입니다. 태어날 때부터 운명의 장난으로 그런 것이 불가능한 아이들도 많이 있습니다. 그런 아이를 품에 안은 어른들은 엄청나게 기가 죽어서 왜 자신만 이런 죄를 짊어져야 하는가, 하고 자괴감에 빠지는 것이 보통입니다. 사실 이 영화의 숨겨진 주인공은 실은 그렇게 생각하면서도 필사적으로 살아온 엄마입니다.

어제도 소타가 할머니 집에 놀러 와서는 "리카, 리카, 다카미야 1번지" 하고 내 팔을 두드리며 반복해서 말을 걸었습니다. 처음에는 "대단하네. 이제 말도 잘하네" 하고 칭찬해주었지만, 똑같은 말이 열 번이고 스무 번이고 계속 반복되면 '…' 솔직히 지칩니다. 내가 피곤한 얼굴을 하고 있으니 동생이 "그렇게 열심히 들으면 금방 지치니까, 소타가 다카미야 1번지, 나무아미타불, 나무아미타불~ 이렇게 말한다고 생각하면서 대충 들어" 하고 말합니다. 그렇게 해봤더니 역시 효과가 좋았습니다. 굉장히 마음이 편해졌습니다.

실제로 이 방법은 자신이 듣고 싶은 정보는 뇌에 입력하고 흘러버리고 싶은 정보는 입력하지 않는 테크닉으로, 실제로 널리 쓰이는 방법이라고 합니다. 뭔가 듣기 싫은 말을 들었다면 '이 사람은 나한테 나무아미타불, 이러고 있다' 하고 생각하면서 듣는 거죠. 할머니들이 몇 번이고 똑같은 말을 해도 '나무아미타불 이러시는구나' 이렇게 들으면 됩니다. 그러고 보니 나도, 회사 상사가 화를 낼 때는(왜 버릇처럼 버럭 화를 내는 사람이 가끔 있잖아요) 정통으로 들어버리면 정신이 온전하지 못할 것 같아서 '이 사람의 머리카락은 책받침으로 문지른 것처럼 위로 솟아 있네'라든가 '이 사람은 지금 배가 엄청 고픈 거야' 같은 생각을 하려고 노력하곤 했답니다.

영화 〈말아톤〉은 '힘들 때 힘든 것을 꼿꼿이 서서 정면에서 받아들이지 말고, 조금 몸을 비틀어서, 이렇게 하면 좀 재밌지 않을까 하는 방식으로 받아들이는 법을 전환한다면, 생각보다 그 인생이 나쁘지 않을지도 모른다'는 메시지를 전달하고 있었습니다.

우리 집 첫째 딸 카린. 공원에서 신발을 벗습니다. 맨발이 됩니다. 괴성을 지릅니다. 어디를 가더라도 탈주병처럼 줄달음질 칩니다. 그래도 나쁜 짓을 하는 건 아닙니다. 그럴 때는 '이 아이는 운동선수로서 대단한 재능이 있어. 어쩌면 나중에 올림픽 선수가 돼서 시상대에 설 수 있을지도 몰라' 이렇게 상상하기로 했습니다. 카린. 엄마한테도 언젠가는 금메달을 안겨주렴.

recipe　　　　　　엄마의 햄버거

이 햄버거는 엄마의 애정. 이렇게 맛있는 애정, 어디에도 없다.

재료(2인분)

다진 쇠고기 200g+다진 돼지고기 100g, 양파 1/2개(잘게 다진 것, 랩으로 싸서 1분간 둔다), 달걀 1개, 빵가루 1/2컵, 소금 1/2작은술, 너트메그(향신료)·후춧가루 약간, 식용유 1작은술, 레드 와인 혹은 화이트 와인 1/3컵, 케첩 2큰술, 츄노소스(돈가스 등 튀김요리에 사용하는 소스) 2큰술

만드는 법

1. 비닐봉지에 다진 고기, 다진 양파, 달걀, 빵가루, 소금, 너트메그, 후춧가루를 넣고 잘 비빈다. 볼에 넣어도 되지만, 나중에 설거지하기 귀찮으므로 사용하지 않은 비닐봉지를 이용하는 게 최고.

2. 2등분해서 손으로 팡팡 두드리면서 공기를 뺀다. 손 크기 가득 동그랗게 펴서, 한가운데는 약간 납작하게 해둔다.

3. 프라이팬에 기름을 두르고 중간 불로 가열해 뜨거워지면 빚어놓은 햄버거를 가만히 올려놓는다. 중간 불로 2분 동안 굽는다.

4. 노릇노릇하게 구워지면 뒤집어서 가능한 한 약불로 줄인다. 그런 다음 뚜껑을 덮고 13분 정도 굽는다. 타이머를 사용하면 편리하다.

5. 햄버거 위로 육즙이 나오면 딱 좋다.

6. ⑤ 위에 케첩과 츄노소스를 올리고, 위에서부터 원을 그리며 와인을 뿌린다.

7. 소스가 잘 배어들도록 햄버거를 각각 뒤집는다.

8. 프라이팬에 육즙이 보글보글 끓고 있을 테니, 다시 모양이 예쁜 면이 위로 향하도록 뒤집는다. 이걸로 완성!

---

*포인트는 다진 쇠고기와 다진 돼지고기를 2:1의 비율로 섞는 것과 긴 시간 동안 굽는 것.

19시부터 만드는 밥

일본 애니메이션

최근 밤이 되면 첫째 딸은 소매가 달린 자기 잠옷은 제쳐두고, 서랍 속에서 슬그머니 내 속옷을 꺼내 갈아입습니다. 여자의 속옷을 탐하는 건 남자뿐만 아니라 어린 여자아이도 마찬가지일까요? 그걸 입었다 벗었다 하면서 거울 앞에서 황홀하다는 듯 자신의 모습을 쳐다봅니다. 우리 집이 마치 란제리 펍 같군요. 손님은 나와 둘째 딸인 사쿠라뿐입니다만, 딸아이는 캬하하 웃으며 손뼉을 치며 요상한 밤을 즐기고 있습니다.

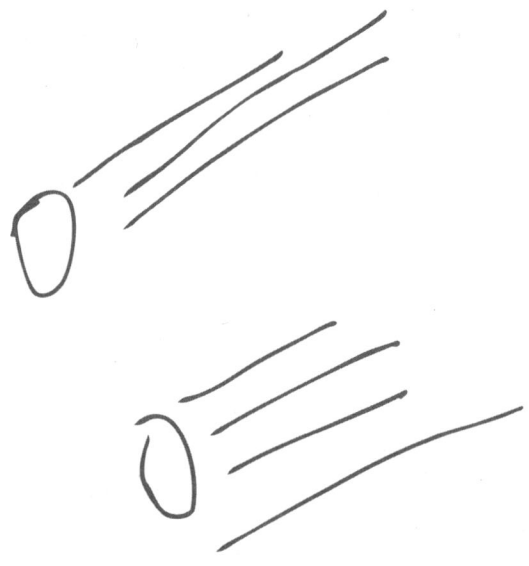

아이들은 어릴 때는 여러 가지 것들(속옷도 포함)에 흥미를 갖고, 느낍니다. DVD로 〈모노노케 히메〉를 봤을 때도 '왜 다들 싸우는가?', '영화 속에서 누가 나쁜 놈인가?' 하는 것을 계속해서 묻습니다.

슈퍼마켓에서 사 온 가지콩과 맥주를 마시면서 생각나는 대로 이야기를 해줍니다.

"저번에 파인애플이 네 조각이나 있었는데, 카린이 많이 먹으려고 해서 엄마가 화냈잖아. 모두 다 파인애플이 먹고 싶은데 전부 카린이 먹으면 없어지니까. 이 이야기랑 똑같아. 아무리 열심히 일하는 사람이라도 숲 속의 과일을 혼자서 다 가져가버리면 주위 사람들은 먹을 것이 없어지잖아. 이 영화 속에서 정말로 나쁜 사람은 없어. 하지만 다른 사람이나 동물, 숲 속을 생각하지 않으면 다른 사람들이 보기에 나쁜 짓을 하는 것처럼 보일지도 몰라. 사쿠라한테, 파인애플을 다 먹어버린 카린이 나쁘게 보이는 거랑 똑같단다."

어라? 이게 이런 이야기였던가?

적당하게 이야기를 지어내다 보니, 예전에 이탈리아 인 친구가 "일본 애니메이션은 정말 대단해!" 하고 엄청 칭찬했던 일이 생각납니다.

그는 "일본 애니메이션에는 정말로 나쁘기만 한 사람은 나오지 않아. 이건 일본의 독자적인 사상이 표현된 거라고 봐" 하고 말했습니다. 듣고 보니 〈호빵맨〉에 나오는 세균맨도, 〈바람계곡의 나우시카〉의 왕벌레(오무)도, 어딘가 유머가 있고 근심도 있습니다.

"우리가 일본 애니메이션을 좋아하는 것은 영상이 대단해서가 아니야.

상대방이나 자연에 대한 깊은 배려가 숨겨져 있기 때문이지" 하는 얘기도 했습니다. 은근히 기분이 좋아졌습니다. 내가 만든 것도 아닌데, 얼마나 자랑스럽던지요.

시대가 변하면서 물론 일본인의 생각도 많이 변했습니다. 하지만 이렇게 외국인에게 존경받는 현재의 애니메이션을 만드는 것도, 하이브리드 차 등을 만들어 깨끗한 공기를 지키려고 노력하는 것도, 모두 현대의 일본인입니다. 그중에는 젊은 사람도 많습니다. 결국 일본이라는 풍토에서 배양된 인간의 본질이라는 건, 자연이 모조리 변해버리지 않는 한 그렇게 간단히 변하는 일은 없을 것 같습니다.

저출산이라든가, 지구온난화라든가, 그리고 지진이라든가, 세상에는 힘든 일들이 많이 있습니다만, 그래도 희망은 있습니다. 그때마다 다시 일어설 수 있도록 대응 가능한 지혜가 있다면 일본의 미래는 비탄할 정도로 어두운 것은 아니라고 생각합니다.

우리집 란제리 펍에서는 웃을 일도 많이 일어나지만, 사소한 다툼도 끊길 새가 없습니다.

파인애플 다음으로는 새우 센베이 과자, 쿠키, 체리.

〈모노노케 히메〉는 이해했다고 칩시다. 그래도 아이들이 본능에 이기는 건 불가능합니다.

"너보다 작은 아이한테서 물건을 빼앗아선 안 돼. 나쁜 짓이야" 하고 카린에게 가르치지만, 사실 사쿠라도 만만치 않습니다. 의외로 이 쪼끄만 동물 사쿠라 맨은 엄청나게 고집이 세서 절대 지려고 하지 않거든요. 둘이서 캬캬 소리를 질러대면 귀마개라도 찾아 귀를 막고 싶은 기분입니다. 하지만 싸움을 해도 용서해줄 수 있는 게 어디까지인지 그 한계를 짓는 것 자체가 어려운 일이라, 그냥 참습니다.

결국 어른 세상도 아이들과 다를 바 없습니다. 서로 협력하고 극복해 가는 일이 있는가 하면, 물건이나 포지션을 서로 차지하려고 싸우기도 합니다. 어릴 때부터 다양한 경험을 통해 여러 가지 일에 익숙해지는 편이 몸도 머리도 편할지도 모르겠습니다.

스스로에게 이렇게 말하는 사이, 사쿠라와 서로 잡아당기던 내 속옷 레이스 끈이 찢어져버렸습니다! 아아~ 이럴 수가. 이거 비싼 건데. 이제 란제리 펍, 다시는 안 해!

.

내가 제일 좋아하는 일본 애니메이션

〈알프스의 소녀 하이디〉, 〈마녀 배달부 키키〉, 〈이웃집 토토로〉,
〈바람계곡의 나우시카〉, 〈하울의 움직이는 성〉, 〈붉은 돼지〉,
〈루팡 3세 칼리오스트로의 성〉
아! 모두 미야자키 하야오의 애니메이션이네?

싸울 정도로 사이가 좋아

나에게는 정말로 사이좋은 여동생, 지하루가 있습니다. 어릴 땐 정말
많이 싸웠는데, 지금은 매일같이 전화하고, 별일 아닌 일도 다 털어놓
는 친구 같은 자매입니다.

가장 별것 아닌 싸움이면서 절대 잊을 수 없는 싸움은 '이불 밟기' 싸
움이었습니다. 당시 나는 초등학생 4학년, 동생은 3학년. 세 평 정도
되는 방에 책상을 두 개 나란히 붙여놓고 그 서랍장을 놓았는데, 그
밑에 이불 두 장을 깔면 방이 꽉 차버리는 좁은 방이었습니다. 그 작

은 방에 엄마가 새로운 솜이불을 사 왔습니다.

내 이불은 짙은 핑크색에 하얀 꽃무늬, 동생 이불은 흰색 바탕에 핑크색 꽃무늬. 폭신폭신하고 밟는 게 아까울 정도로 보드라운 감촉. 그런 이불을 덮는 것만으로도 공주님이 된 느낌이었습니다. 그래서 우리의 관심사는 '어떻게 자면 이대로 이불을 흐트리지 않고 잘 수 있을까?'였습니다. 진심으로 오로지 그것에 대해서만 고민하던 나날이었습니다.

당시 여동생은 안쪽에서 잤던 걸로 기억합니다. 그래서 동생은 자신의 이불로 가려면, 내 이불을 밟지 않으면 갈 수 없었습니다. 하지만 나는 그게 너무 화가 나서 내 이불이 한 번 밟힐 때마다 "네가 한 번 밟았으니까 나도 한 번 밟을 거야" 하면서 동생의 이불을 밟았습니다. 그랬더니 동생도 가만있지는 않았습니다. "그럼 나도 또 밟을 거야!", "그럼 나도 또!" 엄마가 "이럴 줄 알았으면 이불 같은 거 사주는 게 아니었는데" 하고 한탄하면서 전깃불을 끌 때까지 우리는 끊임없이 서로의 이불을 밟아댔습니다.

마지막에는 너무 화가 나서 눈물까지 나왔습니다. 지금 생각하면 어쩌면 그렇게 말도 안 되는 걸로 밤늦게까지 싸울 수가 있었을까, 신기하기까지 합니다. 첫째 딸 카린과 사쿠라도 분명히 사이좋은 자매가 될 때까지 몇백 번도 더 이런 말도 안 되는 싸움을 반복하겠지요.

카린은 유치원 친구와 장난감 쟁탈전을 하거나 서로 할퀴거나 하면서 싸우는 모양입니다. 한밤중에 갑자기 큰 소리로 "그거 카린 거야! 카린 거야! 가져가지 마!" 하고 잠꼬대를 하는 걸 보면, 매일같이 귀여운 싸움을 하는 게 눈에 보이는 듯합니다. 그때마다 나는 "서로 머리카락을 잡아당겨도 좋고 잡혀도 좋으니, 아무튼 뭐든지 열심히 하렴" 하고 속으로 응원을 해줍니다. 그런 식으로 많은 아픔을 경험하고 나서 어른이 되는 편이 훨씬 더 좋으니까요.

서로 부딪쳐서 어디까지가 용서할 수 있는 범위인지 확인하는 것은 매우 중요한 일입니다. 스포츠도 마찬가지입니다. 아슬아슬 자칫 반칙일 뻔했던 플레이가 베스트 플레이가 되기도 하는 법이니까요. 무엇이 반칙이고 무엇이 규칙인지는 몸을 사용해 기억하는 수밖에 없습니다. 또 그렇게 해서 몸으로 기억한 것은 평생 잊지 않습니다. 그렇기 때문에 나는 자식이 정말로 나쁜 짓을 하면 부모가 팡팡 때려서 가르치는 것도 매우 중요하다고 생각합니다.

형제자매, 부모자식, 부부, 친구, 상사와 부하. 어떤 인간관계에도 싸움은 일어나는 법입니다. 하지만 그 싸움은 관계를 파괴하는 게 아니라, 오히려 그 관계를 더욱 강하게 하는 일도 많습니다. 서로 부딪치는 것을 두려워한다면 아무것도 말할 수 없게 됩니다. 어디까지 말할 수 있는지, 어디부터는 이야기해서는 안 되는지, 많은 경험을 거쳐야만 비로소 이해할 수 있는 걸지도 모르겠습니다.

언젠가는 우리 딸들도, 싸움도 제대로 하고, 동시에 사과도 제대로 할 수 있게 되길 바랍니다. 비록 싸움은 하더라도 "미안해" 하고 말할 수 있는 솔직한 마음을 가질 수 있다면, 더 좋은 관계로 발전될 가능성이 더 많다고 믿습니다.

과연 오늘 밤은 어떤 잠꼬대를 할 것이며, 누구를 등장시킬까? 딸내미의 잠꼬대는 길어진 가을밤의 소소한 재미 중 하나입니다.

"안녕!" 하고 인사하기

싸움을 한 다음 날 아침에도 "안녕!" 하고 인사하는 것이 중요하다고 선배가 가르쳐주었다. 생각해보니, 아이들도 그렇다.

조금 전까지 그렇게 싸웠으면서, 언제 그랬냐는 듯이 또 같이 떠들고 있다.

그렇구나. 사과하는 게 불가능할 때는 인사만이라도 해두자.

요리로 마음을 리스토어

가까운 시일 내에 이탈리아 여행을 가려고 계획하고 있다가 여러 가지 생각 끝에 그만두고, 큰맘 먹고 지금까지 가보고 싶었던 레스토랑에서 그 돈을 쓰면서, 새롭게 맛을 연구해보기로 했습니다.

다양한 레스토랑을 순회하면서 새삼스럽게 깨달은 건 '역시 요리는 요리사의 인격이고 배려심'이라는 사실이었습니다. 보통 일반적으로 높이 평가되는 레스토랑 중에서도 전에는 맛있었지만 지금은 맛이 형편없어진 곳이 있는가 하면, 똑같이 끊임없이 평가받는 입장인데도 변함

없이 맛있는 레스토랑이 있습니다. 이 차이는 무엇일까요? 그건 분명히 요리 솜씨의 차이는 아닌 것 같습니다.

그것은 어쩌면 요리사가 '먹는 사람에게 기쁨을 주어야지' 하는 바람을 계속 가지고 있느냐의 여부에 달린 게 아닐까 싶습니다. 유명해지고 돈도 많이 벌기 위해서는 운과 어느 정도의 솜씨만 있으면 되지만, '기쁨을 주고 싶다'는, 말하자면 계속 고객을 배려할 수 있느냐 여부는 그 사람의 인격에 달린 것입니다. 그 마음을 유지하기 위해서는 많은 유혹과 욕심을 초월한, 훨씬 더 다른 어떤 경지에 자신을 계속 올려놓아야 할 것입니다.

요전에 어느 일식 요리점에 갔습니다. 가게 주인은 TV에 항상 나오는 유명한 분인데, 그런데도 자신이 직접 밥통에서 밥을 퍼서 우리에게 서빙해주었습니다. 마지막으로 엘리베이터를 타기 전에 인사를 받은 것 같은데, 엘리베이터가 도착하기 전에 계단으로 뛰어 내려가 우리를 기다리고 있습니다. 그러고는 우리가 모서리를 돌아 보이지 않을 때까지 고개 숙여 인사를 했습니다. 쓸데없는 짓이라고 생각하면 쓸데없는 짓일 수도 있습니다. 하지만 나는 이 하나하나의 동작에 그가 만든 요리의 인격이 드러난다고 느꼈습니다. 물론 맛은 말할 필요조차 없습니다. 굉장히 섬세하고 다정한 맛이었습니다.

'레스토랑'이라는 단어는 리스토어, 즉 '재생시키다'라는 어원에서 나온 말입니다. 이 레스토랑은 말하자면 마음에 활력을 불어넣어주는 레스토랑이었습니다.

나도 더 열심히 요리를 공부해서, 소중한 사람에게 직접 요리를 만들어줌으로써 그 마음을 리스토어시켜줄 수 있으면 얼마나 기쁠까, 하는 생각을 해봅니다.

때로는 요리하는 게 귀찮을 때도 있습니다. 그럴 때는 무리하지 않고 요리를 하지 않습니다. 배달 피자를 주문하는 날도 있습니다. 내 몸과 마음과 상의하면서 솔직하게 맞춰가지 않으면 요리는 계속하지 못하는 법이니까요.

요리를 매일같이 해야 하는 가사노동이라고 생각하면 솔직히 별로 재미있게 느껴지지 않을 겁니다. 하지만 식구들의 마음을 재생시키는 어떤 것이라고 생각한다면, 그 이상으로 중요하고 즐거운 일은 없습니다.

어쩐지 활력이 없을 때 먹으면 좋은 것

스테이크, 미쓰마메(삶은 완두콩에 깍둑썰기한 무를 넣고 꿀을 친 음식-옮긴이),
초콜릿 파르페, 초콜릿 케이크, 망고 파르페.
스테이크를 먹으면 힘이 나는 건 확실해.

행복으로 가는 지름길

최근, 딸아이가 귀여운 장난감을 발견했습니다. 알루미늄 파에야 냄비
와 파스타 면, 도마 등이 한 세트로 되어 있는 장난감입니다. 아직 조리
도구의 의미는 잘 모르는 것 같지만, 알루미늄이 내는 소리가 마음에
들었는지, 작은 냄비와 뚜껑을 맞춰보면서 탕탕 두드렸습니다. 뭐든 천
천히 시작하면 된다는 마음으로 장난감 요리 도구를 사줬습니다.
엄마는 우리가 어릴 때부터 '여자아이가 요리를 잘하는 건 행복으로
가는 지름길'이라고 주장하며 초등학교에 갓 들어간 나와 여동생에게

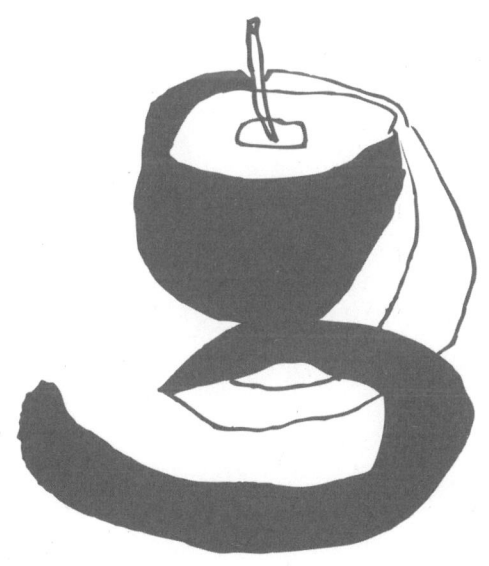

칼을 쥐어주셨습니다. 행복으로 가는 수행은 '사과 껍질 깎기'에서부터 시작되었습니다. 여동생은 칼에 손가락을 베어 피가 나도 바로 밴드를 가져와 붙이고는 아무렇지도 않다는 듯 계속해서 껍질을 깎았습니다. 우리는 어린 마음에도 '행복해진다는데, 이까짓 상처는 아무것도 아니야' 하고 생각했던 것 같습니다. 하지만 고등학생이 되어도 그다지 요리에 흥미를 가지지 못했던 동생에게, 엄마는 저녁밥을 짓게 하고 아르바이트비와 재료비까지 지불하며 요리 공부를 시켰습니다. 결코 맛있다고는 할 수 없는 요리가 식탁에 올라왔지만 식구들은 아무런 불평 없이 밥을 먹었습니다. 처음부터 요리를 잘하는 사람은 이 세상 어디에도 없습니다. 동생이 행복으로 가는 지름길을 무사히 지나갈 수 있도록 모두 협력하면서 아구아구 먹었습니다. 하지만 우리 집 강아지 로라만은 달랐습니다. 남은 밥을 사료에 섞어 넣어줘도 콧방귀를 뀌며 입에 넣으려 하지 않았습니다. 어느새 여동생의 목표는 '로라도 맛있게 먹을 수 있는 요리'로 바뀌었습니다. 더 높은 목표를 세운 덕분인지, 여동생은 정말로 요리를 잘하게 되었고, 지금은 남편과 아이들이 기뻐하는 요리를 만들 수 있게 되었습니다.

그런데 요리를 잘하려면, 역시 먹어주는 상대가 필요합니다. 그것도 칭찬을 잘해주는 상대가 있으면 실력이 쑥쑥 올라갑니다. 하지만 그런 남성은 좀처럼 없습니다.

예를 들어 우리 아빠. 전형적인 규슈 남자인 아빠는 "맛있다"는 말 한마디를 하는 것 자체가 남자의 수치라고 생각해 처음에는 아무 말도 없이 음식을 먹었다고 합니다. 그렇다고 그냥 잠자코 넘어가줄 엄마가 아닙니다. "맛없으면 안 먹어도 괜찮아요" 하면서 식탁에서 접시를 치우려고 했죠. 아빠는 당황해서 "아냐, 맛있어, 맛있어" 하고 말했고, 그런 상황을 반복하는 사이에, 지금은 조건반사적으로 음식을 먹을 때마다 "맛있다"는 말을 하게 되었답니다. 최근에는 급기야 식탁에서 젓가락을 드는 순간부터 "맛있겠다, 요시코가 만든 음식이 최고야" 이렇게 말하시곤 합니다. 먹지도 않고 이런 코멘트를 하는 것도 좀 뭣하지만, 아무 말도 없이 먹는 것보다는 엄마를 훨씬 더 기쁘게 해주는 일임에는 틀림없습니다.

여자가 아이를 키우면서, 가사를 하면서, 혹은 밖의 일도 하면서, 매일 크리에이티브한 발상을 가지고 요리를 한다는 것은 엄청난 일입니다. 그런 대단한 일을 하고 있는 세상의 여성들을 위해 "잘 먹겠습니다", "맛있어요", "잘 먹었습니다" 하는 감사의 말 3종 세트는 굉장히 중요합니다. "우리 집 밥은 맛없어"라고 말하는 남편분들, 일단은 거짓말이라도 좋으니까 감사의 말 3종 세트를 반복해보십시오. 그렇게 100번 정도 말했는데도 요리 맛이 변하지 않는다면, 정말로 맛있는 요리와는 인연이 없다고 생각하고 포기하는 수밖에 없습니다. 하지만 대부분의 여성은 그 소리를 듣고 기뻐서 더 열심히 요리를 하게 됩니다. 그러면 요리는 늘 수밖에 없지요.

여자가 요리를 잘하는 건 틀림없이 행복으로 가는 지름길. 그리고 남자가 요리에 대해 칭찬하는 것 또한 행복으로 가는 지름길입니다.

돼지고기 감자조림 나나짱 양념조림

주부라는 일도 그렇고, 밖에서 하는 일도 그렇고 여성에게 있어,
누군가에게 필요한 존재가 되는 시간은 굉장히 중요하다. 동시에, 하는 일을 줄이고
에너지를 충전하는 시간을 마련하는 것도 매우 중요하다.
이 레시피는 한번 기억하면 두 번 다시 볼 필요 없는 레시피이다.
눈을 감고 있어도 만들 수 있는 레시피를 몇 개 정도 가지고 있으면 인생이 편해진다.

나나짱

다시마, 멸치, 가쓰오부시 국물(7) : 간장
(1) : 미림(일본 술)(1) : 설탕(1)
나나짱은 일본인에게 가장 익숙한 어머니
의 양념 맛을 의미합니다('나나'는 '7'이라
는 의미-옮긴이).

재료

감자 2개(껍질을 벗겨 4등분한다), 삼겹
살 100g, 양파 1/2개(1.5cm 폭으로 둥근
단면이 나오게 썬다), 나나짱(다시마 멸치
가쓰오부시 국물 210ml, 간장 30ml, 미
림 30ml, 설탕 30ml)

만드는 법

냄비에 나나짱과 재료를 넣고, 뚜껑을 덮
은 다음 약불로 보글보글 15~20분간 조
린다. 감자를 속까지 푹 익히고 싶다면
처음에 육수와 감자만 넣어 어느 정도
익힌 후 나나짱과 그 밖의 재료를 넣어
도 좋다. 그리고 깍지콩이나 완두콩이
있으면 마지막에 살짝 데치거나 전자레
인지에 돌려 장식으로 얹으면 좋다.

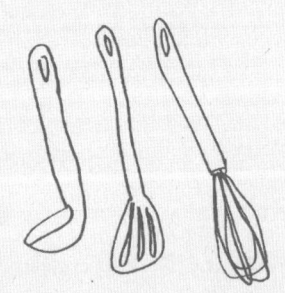

역시 일본 음식이야

아이에게 정말로 필요한 것

집에서 회사로 갈 때 나는 가끔씩 걸어가려고 노력합니다. 전차를 타고 갈 때는 미처 보지 못했던 반짝이는 황금빛 은행잎, 스미다 강 위에서 여유롭게 헤엄치는 오리들, 반소매 차림으로 공원을 향해 뛰어가는 생기 넘치는 유치원생들, 빨갛고 하얀 현수막이 걸려 있는 12월의 매립지. 좋아하는 CD를 들으면서 이런 풍경 속을 걷고 있노라면 아무것도 아닌 일상의 풍경이 영화의 한 장면처럼 흘러갑니다.

걸으면서 듣는 CD에도 다양한 종류가 있지만, 내가 좋아하는 것 중

영화 〈사운드 오브 뮤직〉의 사운드트랙이 있습니다. 저번에 몇 년 만에 DVD를 빌려서 다시 보았는데, 정말 좋은 작품은 시대를 초월하고 나라를 초월해서 사람의 마음에 스며드는구나, 하는 걸 다시 한 번 깨달았습니다.

생각해보면 처음으로 이 영화를 본 건 초등학생 때입니다. 항상 9시가 넘으면 잔다는 약속이 되어 있는데도, 엄마가 "이 영화는 멋진 영화니까 보게 해줘요" 하고 아빠한테 부탁해서, 동생과 이불을 뒤집어쓰고는 두근거리면서 TV 앞에 앉았답니다. 벌써 몇십 년도 더 된 일인데도, 그때 받았던 감동은 지금도 선명합니다. 도레미송도, 에델바이스도 한번 듣고는 바로 기억해버려서 집 근처에서 마리아 흉내를 내며 노래를 불렀더니, 그걸 들은 이웃 아주머니가 "그 레코드 우리 집에 있는데" 하시더니 사운드트랙을 테이프에 녹음해주셨습니다. 나는 그 테이프를 늘어질 때까지 끊임없이 반복해서 들었습니다.

그리고 20년 후 봄. 이번에는 일 때문에 간 뉴욕에서 〈사운드 오브 뮤직〉 뮤지컬을 보았습니다. 초등학교 시절에는 노래의 의미까지는 잘 알지 못했지만, 이제 영어를 알아들으니 내용도 새롭게 잘 이해할 수 있었습니다. '정말 놀라워, 〈사운드 오브 뮤직〉은 가족 간의 이야기, 젊은이들의 사랑, 거기에 전쟁과 평화까지, 세상에 존재하는 모든 토픽을 두루두루 다 다루고 있는데도 그 모든 게 너무나 잘 정리되어 있고, 게다가 너무나 훌륭해!' 이렇게 마음속으로 감동한 나머지 소름이 돋았습니다.

극장을 나온 후 타임스스퀘어를 빠져나와 신록이 아름다운 센트럴 파크 쪽으로 걸으면서 문득, 예전에 아직 열 살 정도밖에 안 된 내가 영어의 의미도 모르면서 〈사운드 오브 뮤직〉의 감동에 흠뻑 빠져버렸다는 사실을 깨닫고는, 새삼스레 깜짝 놀랐습니다.

어른은 아이들을 자신과 다른 존재, 즉 어른이 이해할 수 있는 것을 이해할 수 없는 존재라고 생각하기 쉽지만 사실은 그렇지 않습니다. 아이들은, 어른이 말이나 논리를 이용하지 않으면 이해할 수 없는 것을, 모두 초월해 감성으로 이해하는 힘을 가지고 있습니다. 어떤 의미로는 우리 어른들보다 사물의 본질을 꿰뚫는 힘을 훨씬 더 많이 가지고 있습니다. 그런 예리한 감성을 지닌 아이들이기에, 어릴 때 좋은 영화를 많이 보여주고 좋은 음악을 자주 접하게 해주어야 한다는 것을 점점 더 실감하게 됩니다. '시간이 아깝다, 그 시간에 공부를 하지 않으면 장래에 편하게 살 수 없다, 다 본인을 위한 일이다.' 어른들은 이렇게 생각할지도 모릅니다. 하지만 내가 어른이 되어 처음으로 〈사운드 오브 뮤직〉을 봤다면, 아마도 그때 받은 감동과 영향은, 지금과는 비교도 할 수 없을 만큼 훨씬 훨씬 더 작았겠지요.

옛날부터 나는, 우울할 때마다 항상 〈사운드 오브 뮤직〉의 마리아처럼 밝게 살 수 있으면 얼마나 좋을까, 하고 생각했습니다. 그리고 처음으로 영어 가사를 이해하게 됐을 때, 그때 내가 왜 그랬는지 이해할 수 있었습니다.

마리아는 천둥 번개가 무서워서 모여든 아이들에게 노래를 불러줍니다. 노래는 이런 내용입니다.

"슬퍼지면 좋아하는 것을 떠올려보렴. 귀여운 새끼 고양이, 아펠 슈트루델. 좋아하는 것들을 계속 떠올리다 보면, 어느새 싫은 것들을 잊을 수 있단다."

어쩌면 나는 마음속 어딘가에서 마리아가 나에게 이렇게 말해주길 바란 게 아닐까요?

〈사운드 오브 뮤직〉은 지금, 두 살 난 둘째 딸 사쿠라가 가장 좋아하는 CD가 되었답니다.

열 살 때 좋아했던 것은, 지금도 좋다.

그래서 내 딸들에게도, 열 살이 될 때까지
많은 '흥미의 싹'을 심어주고 싶다.
마지막에는 결국, 내가 좋아하는 것들이
나를 도와주게 되어 있다.

메리 크리스마스

몇 년 전인가 크리스마스이브날 밤. 크리스마스에 같이 지낼 애인도 없고, 가족도 없고, 함께 마시러 갈 동료도 없어서, 혼자서 쓸쓸히 편의점에서 1인용 딸기 조각 케이크를 사서 집으로 돌아온 적이 있었습니다. 밤늦게 엄마가 전화를 해서 "리카! 메리 크리스마스! 리카는 오늘 크리스마스이브 어떻게 보냈어?" 하고 묻길래 정직하게 대답했더니 엄마는 이런 반응을 보였습니다.

"이런, 리카도 참 귀여운 구석이 있다니까. 아무리 나이를 먹어도 역시 딸기 조각 케이크가 없으면 크리스마스 같지 않은가 보네?"

그렇습니다. 나는 엄마가 만들어주는 딸기 조각 케이크나, 아빠가 예약해서 사주는 빵집의 쇼트케이크가 없으면, 크리스마스이브 기분이 나지 않습니다. 비록 혼자서 보내는 이브라 하더라도, 생크림이 듬뿍 들어간 달콤한 케이크를 먹지 않으면 이브날 밤을 마무리할 수가 없는 거죠.

혼자서 쓸쓸하게 보내는 집에는 아무도 없더라도 과거의 추억만은 흘러넘칩니다. 산타 할아버지한테 받은, 긴 양말 속에 들어 있던 과자. 요쿠르트 5개 세트 팩. 마론 인형과 인형 집. 책《초원의 집》. 엄마가 구운 케이크 냄새. 하얀 장식 종이를 두른 닭 다리. 베개 옆에 놓여 있는 선물을 발견하고 동생이랑 이불 위에서 소리 지르며 방방 뛰던 아침. 그리고 그런 우리를 미소 지으며 지켜보시던 엄마와 아빠.

그런 것들을 떠올리니, 문득 언젠가 잡지에서 읽었던, 조엘 로부숑이라는 유명한 요리사가 한 말이 생각납니다. 그는 레스토랑 셰프를 은퇴하면서 "은퇴 후에는 무엇을 하실 겁니까?" 하는 기자의 질문에 "앞으로는 과거의 추억을 돌아보면서 살아갈 겁니다" 하고 말했지요. 그 말을 들으면서 군더더기 없이 깔끔한 대답이라고 생각했습니다. 그리고 나도 언젠가 일을 그만두게 된다면 이런 식으로 얘기하고 싶다는 생각을 했던 것 같습니다.

지금 이 순간, 오늘 하루, 일주일, 한 달, 일 년, 매일매일의 추억이 쌓여, 언젠가는 한 사람의 인생이 됩니다. 나는 그 요리사처럼 그렇게 멋진 인생을 만들 자신은 없지만, 눈앞에 쌓여가는 한순간을 소중하게 그리고 정성스럽게 살아가고, 그 삶에 후회가 없다면, 로부숑과 같은 말을 할 수 있을 것 같습니다.

하고 싶은 것들이 너무나 많이 머리에 떠오르면 눈앞은 깜깜해집니다. 하지만 눈앞의 일을 우선 해치우고, 눈앞에 보이는 너저분한 집을 일단 치우고, 눈앞에 있는 아이들에게 최고의 크리스마스 추억을 만들어주다 보면, 그러는 사이에 돌아보는 것만으로 즐거운 나날을 보내는 것이 가능할지도 모릅니다.

오늘 같은 크리스마스 아침은, 아침부터 딸내미들과 '딸기 조각 케이크'를 만듭니다. 달걀 껍질을 깨고, 13분 동안 거품을 내 달걀흰자와 설탕으로 머랭을 만들면, 딸들이 맛을 봅니다.

딸들은 "더 먹고 싶어, 달콤해!" 하면서 작은 집게손가락으로 머랭을 듬뿍 찍어 먹습니다. 오븐에서 부푸는 케이크를 보면서 "와~!" 하고 눈을 반짝거립니다. 간단하게 데커레이션을 하고 커다란 딸기를 얹으면 수제 케이크 완성.

자, 오늘은 친구라도 불러서 같이 크리스마스 파티를 해볼까요?

몇 년 뒤? 아니면 몇십 년 뒤? 언젠가 또다시 혼자서 보내는 크리스마스이브가 올지도 모릅니다. 혼자서는 케이크를 만들어도 다 먹을 수 없으니까 그때도 다시 편의점에서 가서 조각 케이크를 사게 되겠죠. 그리고 쭈글쭈글해진 손으로 포크를 집어 들고 쭈글쭈글한 눈꺼풀

안쪽에서 그때까지 보냈던 수많은 크리스마스를 추억하면서 지낼지
도 모릅니다.

'나는 그동안 정말 수많은 멋진 크리스마스를 보냈구나. 정말로 고마
운 일이야' 하고 생각하면서 말이죠.

크리스마스에 항상 있는 것

닭 다리 오븐구이, 방울토마토소스 파스타,
샐러드, 딸기 조각 케이크,
그리고 이젠 나에게는 오지 않는, 산타 할아버지의 선물.

영화를 즐기는 법

지금 내게 최대의 오락거리인 영화를 좋아하게 된 계기를 마련해준 것은, 역시 엄마입니다. 엄마는 영화를 정말 좋아해서 "영화는 커다란 스크린에서 봐야 제맛이란다" 하면서 우리를 도에이 만화 축제나 〈킹콩〉 같은 영화를 볼 때 데려가주었습니다. 처음 스크린에서 〈킹콩〉을 봤을 때의 감동은, 평생 잊을 수 없을 겁니다. 무엇보다도 맨 처음에 흐르는 테마 음악부터 감동적이라, 도넛판 레코드를 사버렸을 정도입니다.

내가 태어난 시대에는 이미 다른 오락거리도 많이 있었지만 그중에서도

부모님과 영화관에 가는 것은 각별했습니다. 깜깜한 어둠 속에서 무엇이 시작될지 모른다는 작은 흥분감이 있었고, 또 함께 보는 사람과의 일체감이 있었으니까요.

〈안녕 우주 전함 야마토〉를 보러 갔을 때에는, 눈물로 안경이 뿌예지도록 마지막까지 계속해서 우는 아빠의 모습이 어찌나 이상해 보이던지, 잊을 수가 없습니다.

내가 도쿄에서 취직한 다음에는 우리 집에 놀러 온 엄마와 함께 〈타이타닉〉을 보러 갔습니다. 영화가 끝난 후 엄마의 코멘트는 인상적이었지요. 임팩트가 아주 강했거든요. 흐르는 눈물을 닦는가 싶더니 바로 "그래도 주인공이 죽었으니 좋은 추억으로 남은 거야. 저대로 결혼했으면 벌써 이혼했을지도 모르지" 하고 말했던 것입니다. 감동이 얼어붙는 순간이었습니다. 생각해보면 영화를 본다는 건, 영화를 통해 다른 사람의 마음을 이해하게 되는 재미가 더 쏠쏠한 것 같습니다.

미국에서 보낸 대학 시절과 일상생활은 굉장히 단순하고 소박해서, 주말의 즐거움은 정말로 영화밖에 없었습니다. 좋은 일이 있으면 나에게 영화를 선물로 주었고, 안 좋은 일이 생겨도 영화로 위로를 받았습니다. 아무튼 영화는 내게 'Escape from Reality'(현실로부터의 도피처)였습니다. 그때 〈프리티 우먼〉이나 〈시네마 천국〉 같은 한 편의 영화가 내 마음을 얼마나 깊이 흔들었는지 모릅니다. 우울했던 기분을 완전히 날려버리고 꿈같은 별세계로 빨려 들어가는 놀라운 경험을 실컷 누린 시기입니다.

지금 나에게 영화관에서 영화를 본다는 건, 학창 시절에 영화를 봤을 때와 거의 비슷할 정도로 가치 있는 시간입니다. 혼자였을 때는 자유롭게 뭐든 할 수 있었지만 지금은 다르니까요. 수많은 제약이 있어서 좀처럼 혼자만의 시간을 가질 수가 없습니다. 그래서 어쩌다 시간이 나면 옷을 사러 가야 하는데도(옷을 사지 않으면 진짜로 입을 게 없어서 곤란한 상태인데도), 그만 발이 영화관을 향하고 맙니다.

덧붙여 일본에서는 그다지 일반적인 것 같지는 같지만, 영화관의 레이트 쇼는 기회가 있다면 꼭 가보시길 추천합니다. 레이트 쇼는 가볍게 식사를 마치고, 영화를 보고, 마지막에는 나이트 캡(자기 전에 마시는 술)을 한잔 마시는 식으로 진행됩니다. 좀 더 이야기하고 싶어도 이제는 헤어질 시간. 살짝 아쉬움을 남긴다는 점에서 데이트 코스로 안성맞춤이랍니다. 게다가 미국에서는 오후 7시대부터 9시대의 레이트 쇼가 일반적입니다. 만나서 갑자기 영화를 보는 게 아니라 칵테일을 마시고 밥을 먹으면서 서로에게 마음의 근육을 느슨하게 풀고, 그다음에 영화관 시트에 몸을 눕히는 거죠. 시간과 시간의 간격을 즐기는, 어른들의 시간 보내기 방식이랄까요.

몇 번이나 본 영화…

〈일 포스티노〉
〈에브리원 세즈 아이 러브 유〉
〈해리가 샐리를 만났을 때〉
〈쇼생크 탈출〉
〈철목련〉
〈비포 선셋〉
〈보통 사람들〉
〈그랑 블루〉
〈집으로 가는 길〉
그리고 〈로마의 휴일〉.

멋진 선생님과의 만남

잠시 시간을 낼 수 있었던 금요일 밤. 오랜만에 〈마지막 수업〉(니콜라 필리베르 감독)이라는 프랑스 영화를 보러 갔습니다. 작은 화이트 와인과 프랑스빵 샌드위치를 사 가지고 말이죠. 좋아하는 자리에 앉아 와인 뚜껑을 열고 샌드위치를 먹고 있노라니 몸도 마음도 편안해졌습니다. 이 영화는 프랑스 중부 산간 지역의 작은 학교를 테마로 한 것으로, 실제 학교와 선생님들을 촬영한 작품입니다.

이 학교에서는 유치원생부터 초등학교 6학년까지의 학생 13명이 한 교실에서 함께 공부를 합니다. 선생님은 단 한 명. 올해 정년을 앞둔 로페즈 선생님입니다. 예전에 우리 학교에도 계셨음직한, 다소 엄하지만 그 엄한 얼굴 뒤로 애정을 느낄 수 있는 타입의 선생님입니다. 영화는 굉장히 담담하고 조용한 내용이라서 와인에 취해서 잠깐 잠이 들기도 했습니다만, 선생님과 아이들의 모습을 보고 있자니 마음 저 밑바닥에서부터 따뜻한 기운이 느껴졌습니다.

로페즈 선생님은 정말로 아이들의 미래를 중요하게 생각합니다.

주장이 강한 아이는 다른 아이의 말을 제대로 들을 수 있도록. 주장이 약한 아이는 조금이라도 좋으니까 자신이 생각하는 것을 말할 수 있도록. 산만한 아이는 참는 방법을. 약한 아이는 강한 아이에게 도움을 받을 수 있도록 강한 아이와도 사이좋게 지낼 수 있는 방법을. 서툴기 그지없는 아이들이지만, 다들 그 엉성하고 서툰 재능을 매끄럽게 다듬을 수 있도록 지긋이, 천천히 근성을 가지고 아이들과 대화하면서 학교 수업을 진행합니다. 선생님은 항상 아이들에게 답을 이끌어내기 위해 많은 질문을 합니다. "왜 그런 거지?", "이러면 안 되는 거야?", "아까 네가 뭐라고 했지?" 등등. 학생들에게 일방적으로 가르치고 주입하는 것은 간단하지만, 학생이 '자신의 머리로 생각'하도록 계기를 만들고, 답을 기다려주는 것은 쉬운 일이 아닙니다. 기다리는 것은 가르치는 것보다 훨씬 더 많은 시간이 걸리니까요.

생각해보면 나도 초등학생 때 멋진 선생님과 만난 적이 있습니다.

그때까지 공부 같은 건 제대로 해본 적도 없었습니다만, 선생님은 노트에 무엇을 쓰더라도 항상 칭찬해주셔서, 그 칭찬을 받고 싶어서 열심히 노트에 무언가를 썼던 기억이 납니다.

교과서를 단순히 베껴 쓰기만 한 날도 있었는데, 그런 날도 선생님은 "참 잘했구나. 그래서 그걸 쓰면서 리카는 어땠어? 슬펐어? 즐거웠어?" 하고 질문을 던져주셨습니다. 선생님이 그렇게 질문을 하시니 그 질문에 답하기 위해 노트에 생각한 것을 쓰기 시작했습니다. 그때 그런 식으로 공부하고 생각할 수 있는 계기가 없었다면, 그 후에도 계속 '생각하는 것'은 하지 않았을지도 모릅니다.

한 해가 끝나고 여름방학을 맞아 집으로 돌아가는 아이들을 배웅하면서, 로페즈 선생님은 안경 너머로 눈물을 보입니다. 이제 아이들은 자신의 손을 떠났고, 다시는 지켜줄 수 없다는 것을 알기 때문입니다.

"인생을 살다 보면 언젠가는 헤어지는 순간이 오게 되어 있단다."

어린아이에게도 그런 말을 해주는 로페즈 선생님. 불안해하는 아이들에게 선생님은 다정한 눈빛으로 다시 말을 겁니다.

"그리고 이별이란 말이지, 새로운 시작이기도 하단다" 하고.

언젠가 아이는
자신의 발로 서지 않으면 안 된다

그래서 나는 시간을 역산해서, 아이를 대한다.
이제 3분의 1이 끝났다. 열여섯 살이 되면 어른.
그때까지 전해야만 하는 것들이 아주 많다.

그림책은, 꿈 상자

아이들이 태어나고 나서, 다시 그림책을 읽게 되었습니다.

어릴 때는 그렇게 좋아했는데 지금까지 그 존재를 완전히 잊고 있었습니다. 그래도 최근에는 딸들에게 사줄까, 하면서 책방에 서서 들여다보게 됩니다.

어제는 초등학생 때 엄청 감동받았던 《모치모치 나무》를 샀습니다.

책방에서 서서 읽는데, 주인공인 병약한 소년이 함께 사는 할아버지를 도우려고 용기를 짜내어 산을 내려오는 부분에 도달하니 눈물이 나올

것 같아서 '아, 여기서 더 읽으면 안 되겠다. 울어버리겠어' 하는 생각에, 사 가지고 오기로 했습니다.

우리가 어릴 때에도 엄마가 책을 읽어주었습니다.

하지만 안데르센의 《성냥팔이 소녀》만은 읽기만 하면 우는 바람에 이야기가 중단된 채 앞으로 나가지 않았습니다. 동생과 나는 글을 읽지 못합니다. 어떤 얘기가 나올지는 모두 다 엄마에게 달려 있었습니다. 엄마는 페이지를 넘깁니다.

"그리고 소녀가, 마지막 성냥을 켜자…."

그러더니 갑자기 탁, 책을 덮고 "리카, 지하루, 미안. 엄마가 더 이상은 슬퍼서 읽을 수가 없구나" 하고 말합니다. 청천벽력 같은 이야기입니다.

"뭐? 말도 안 돼~!"

우리가 이렇게 말하면 "내일은 꼭 읽어줄게" 하고 약속합니다. 이것은 마치 멀쩡히 TV 드라마를 방영하고 있던 TV 방송국에서 결말 거의 다 와서는 갑자기 '방송은 여기까지. 그 뒤는 내일까지 연기'라고 하는 것과 마찬가지입니다.

아이들에게 '내일'은 엄청나게 긴 시간입니다. 하지만 여동생과 나는 꾹 참고 내일을 기다립니다. 그리고 다음 날 저녁, 드디어 클라이맥스!

"소녀가 마지막 성냥을 켜자…."

응? 뭐? 뭐라고? 엄마는 다시 "엄마가 이 이상은 너무 슬퍼서 못 읽겠다" 하고 말합니다.

여동생과 나는 어떻게든 그림을 보고는 이야기를 상상해보려 했지만,

역시 중요한 부분은 알 수 없습니다. 이런 일을 몇 번이나 반복한 끝에, 엄마는 결국 《성냥팔이 소녀》를 포기했습니다. 그 대신 '성냥팔이 소녀이야기 레코드'를 사주었습니다. 태어나서 처음으로 갖게 된 레코드입니다.

동그란 판에 바늘을 얹으면 "♪성냥, 성냥, 성냥 사세요♪ 아저씨 성냥 사세요♪ 아주머니 성냥 사세요♪ 아주 잘 켜지는 성냥입니다♪" 이런 음악으로 시작하는 레코드이지요.

드디어 마지막까지 이야기를 들은 우리는 왜 엄마가 그렇게까지 슬퍼했는지 결코 이해할 수 없었습니다(어른이 된 지금에야 이해할 수 있는 이야기였죠). 그 대신 성냥팔이 소녀의 음악에 맞춰, 삼각 두건을 뒤집어쓰고 바구니를 들고 성냥팔이 놀이를 하는 것이 얼마나 재미있는지만 알게 되었을 뿐입니다. 어느 날은 여동생 지하루가 성냥팔이 소녀, 내가 성냥을 사는 역할, 어느 날은 반대였습니다. 고작 책 한 권일 뿐인데, 우리의 놀이는 끊길 새가 없었습니다.

TV도 비디오게임도 있는 지금, 그림책은 그다지 중요하게 여겨지지 않게 되었는지도 모르겠습니다. 하지만 나는 그림책의 훌륭함은 전혀 차원이 다른 이야기라고 생각합니다.

그림책에는 읽어주는 사람과 듣는 사람이 있습니다. 말하는 사람인 엄마와 아빠는 우리가 알지 못하는 많은 재밌는 이야기를 알고 있어서, 그것을 우리들에게 가르쳐주는 형식입니다. 그러면 우리는 '와, 대단하다. 나도 알고 싶다' 하고 생각하겠죠. 그렇습니다. 아이들은 그림책을

읽어주는 사람을 동경하게 됩니다. 글자를 읽을 수 있다는 것만으로
어른들은 아이들의 영웅이 될 수 있습니다. 그 점이 중요합니다.
또 그림책이란, 꿈 상자입니다. 아이들에게 하나하나 즐거운 꿈을 보
여주고 싶습니다.

그림책을 서서 보고 있는데,
눈물이 또르르

《모치모치 나무》
《불쌍한 코끼리》
《플란다스의 개》.
마음이 촉촉이 젖어온다.

어른들의 건조한 마음에, 그림책을 왕추천합니다.

비 내리는 밤은…

비 내리는 주말, 딸들이 자는 틈을 타 영화를 봤습니다.
〈북경 바이올린〉이라는 영화입니다. 금요일 밤이나 날씨가 좋은 날에는
밝고 웃을 수 있는 할리우드 영화가 보고 싶어지지만, 촉촉하게 비가
내리는 밤에는 촉촉한 영화가 보고 싶어집니다. 잠깐 일로 신세를 졌던
분이 베이징으로 전근 갔다는 이야기를 듣고, 어쩐지 베이징 풍경을 보
고 싶었던 참이었습니다.

이 영화는 바이올린을 잘 켜는 열세 살짜리 소년과, 가난하지만 아들의 꿈을 열심히 지원해주려 노력하는 아버지의 이야기입니다. 유머러스하면서 슬프기도 합니다. 할리우드 영화처럼 알기 쉬운 영화는 아니지만, 그렇기 때문에 중국인의 깊이를 잘 표현해줄 수 있고, 마음이 촉촉해지는 영화입니다.

멋진 장면이 참 많았지만, 제일 좋았던 장면은 돈 벌러 베이징에서 시골로 돌아가려는 아버지가 바이올린 선생님 집에서 신세를 지게 된 아들에게 이별을 고하고, 살던 집의 더러운 문을 닫는 장면입니다.

돌아가면서 아들이 문득 뒤를 돌아보니, 분명 문을 쾅 닫았던 아버지가 조용히 문을 열고 사라져가는 아들의 모습을 다시 보려고 애쓰고 있습니다. 그 모습을 아들에게 들켜 겸연쩍어하는 아버지. 문 너머에는 아버지의 깊고 깊은 애정이 그려져 있었습니다.

이 장면이 내게 특별한 이유는, 내가 유학하던 시절에 돌아봐도 돌아봐도 계속 그 자리에서 손을 흔들고 있는 엄마의 모습이 가슴속에 남아 있기 때문일지도 모릅니다. 그때 나는 나리타공항 제1터미널에서 에스컬레이터를 타고 밑으로 내려가고 있었는데, 에스컬레이터가 움직이는 동안 점점 작아지는 엄마의 모습. 내가 스스로 원해서 가는 유학길인데도, 그 순간부터 눈물이 그치지 않았습니다.

배웅할 때면 엄마는 항상 나와 여동생이 보이지 않을 때까지 이쪽을 보고 손을 흔들었습니다. 매일 학교에 가는 날도 그랬고, 도쿄로 놀러 왔다가 후쿠오카로 돌아갈 때도 마찬가지였습니다. 슈트 케이스를 끌면서 돌아봐도 돌아봐도, 엄마는 항상 손을 흔들며 앞을 보지 않고 걷고 있어서 저러다 전봇대에 부딪치는 게 아닌지 걱정이 될 정도였습니다.

그런 엄마가 우리 곁에 있었기 때문에, 영화 속 아버지의 마음을 더 잘 이해할 수 있었던 게 아닌가 싶습니다. 그는 자신의 아들이 작아져서 보이지 않을 때까지 계속 지켜보려고 했던 게 틀림없습니다. '힘내라. 아버지가 항상 지켜보고 있을 테니까' 하고 마음속으로 외치면서 말이죠.

이 영화 속에서 또 하나 인상적인 장면은 바이올린 선생님이 몇 번이나 학생들에게 "기술은 가르쳐줄 수 있어도 감성은 가르쳐줄 수 없다" 라고 말하는 장면입니다.

아무리 손가락을 빨리 움직일 수 있어도, 아무리 음표를 빠르게 읽을 수 있어도, 아무리 정확하게 소리를 내더라도, 마지막에 중요한 것은 음악 저 밑바닥에 흐르는 작가의 마음을 상상할 수 있는지 여부입니다. 거기에 슬픔이 있는가, 기쁨이 있는가, 설렘이 있는가, 분노가 있는가. 그 감정의 흐름을 작곡가는 어떤 식으로 표현했는가. 그것을 '자신의 경험'에 중첩시켜 상상해보라는 이야기겠지요. 음악뿐만 아니라, 건축도 요리도 역시 상대방의 마음을 상상하는 것부터 모든 것이 시작됩니다.

영화를 보면 좋은 에너지를 받을 수 있습니다. 딸들이 잠든 한때에 누리는 호사. 참 좋은 밤이었습니다.

비 오는 날에 듣고 싶은
아티스트

키스 자렛,
카펜터스,
엔니오 모리코네,
사라 맥라클란,
스팅,
KOKIA,
데지마 아오이,
라흐마니노프,
그리고 쇼팽.

내가 가장 좋아하는
책 두 권

요즘 너무 바빠서 책 읽는 생활을 잠시 잊고 살았습니다. 소파에서 뒹굴거리면서 눈으로 글자를 따라가다 곤히 잠이 들어버린다거나, 아름다운 글귀 한 구절에 마음이 움직이거나 하는 사소한 일들이 굉장히 그립게 느껴집니다.

만일 커다란 책 두 권을 어딘가에 가지고 갈 수 있다면, 나는 아마 미야모토 데루의 《금수錦繡》와 가즈오 이시구로의 《남아 있는 나날》을 가지고 갈 겁니다. 새로운 책을 읽는 것도 재밌지만, 이 책들을 읽으면 항상 문장이라는 것은 저 밑바닥부터 마음을 치유해주는 마법이구나, 하는 느낌을 받기 때문입니다. 세세한 부분까지 신경 써서 선택하고 잘 엮어놓은 단어 하나하나는 몇 번을 반복해서 읽어도 새록새록 다른 느낌을 주고, 아름다움뿐만 아니라 마음 저 깊숙한 곳에 상쾌한 향기를 보내주는 느낌을 받습니다.

책이란 것은 그 특성상, 읽을 때 어떻게 전개될까 궁금해서 서둘러 속도를 내어 읽고 싶어지는 법이지만, 이 책들을 읽을 때만큼은 맛있는 몰트위스키라도 홀짝이면서, 혹은 중얼중얼 소리를 내서 읽으면서, 쓰는 사람과 똑같은 스피드로 시간을 들여 천천히 읽고 싶어집니다.

또 가즈오 이시구로 씨의 책은 영문판으로 읽는데, 그렇게 아름다운 영어, 그것도 영국 영어를, 양친을 일본인으로 둔 작가가 어떻게 그렇게 잘 구사할 수 있을까, 읽을 때마다 신기할 따름입니다. 생각해보니 나와 사이좋은 친구 중에도 정말로 아름다운 영어를 구사하는 일본인이 있습니다만, 그 친구도 옛날에 영국에서 살았던 경험이 있습니다. 아웃사이더였기 때문에 말이 지니는 힘이나 영향력에 대해 보다 깊은 흥미를 느낄 수 있었던 것 아닐까요?

내가 만나는 사람이나 접하는 물건의 소중함은, 언어와 마찬가지로, 좀 떨어져 있어보지 않으면 미처 깨닫지 못하는 종류의 것일지도 모르겠습니다. 친구도 친형제자매도 당연한 것처럼 항상 함께 하지만, 함께 있을 수 없게 되는 순간, 비로소 처음으로 그 가치를 깨닫는 것이 인간이라는 존재입니다. 《금수錦繡》는 자신이 사랑하는 사람과 헤어진 후, 《남아 있는 나날》은 자신이 프라이드를 가지고 소중하게 여겨온 일과 떨어지게 되었을 때, 주인공들이 느끼는 감정을 담담하게 묘사하고 있습니다. 이 책들을 읽고 있노라면 새삼스럽게 과거를 떠올리며 지금의 자신을 발견하고 미래에 대한 희망을 찾아보려는 행위가, 마치 심리학자의 입장에서 인간의 마음의 재생을 들여다보고 있는 것 같은 느낌을 받습니다. 그리고 과거를 돌아보는 행위가 그 사람의 미래를 창출한다는 것을, 주인공들을 통해 배우는 듯한 기분도 듭니다.

가을을 맞아, 다시 한 번 이 두 권의 책을 읽고, 이번에는 자신의 과거를 돌아보는 시간을 만들어봐야지, 하고 생각해보는 오늘입니다.

책을 읽으면서 함께 즐기고 싶은 향기&아로마 오일

백단향, 침향,
레몬글라스,
라벤더,
페퍼민트.

책을 읽으면서 마시고 싶은 차

립톤 얼그레이,
마리아주 프레르 마르코 폴로,
중국의 재스민티.

감성을 키우다

쉬는 날 아직 돌 전과 세 살인 딸들을 데리고 긴자에 갔습니다. 미야자키 하야오 감독의 〈이웃집 토토로〉를 본 이후 버스를 타보고 싶다고 계속해서 졸라대는 통에, 버스를 타고 긴자에 가서 아이스크림을 먹기로 했거든요. 버스 정류장까지는 어른 걸음으로 걸어도 족히 7, 8분은 걸리는 거리라, 아이들에게는 상당히 먼 거립니다. 하지만 버스를 탄다는 기대감 때문에 딸들은 거기까지 열심히 가겠다고 약속했습니다. 몇 번이나 넘어지고 또 몇 번이나 다시 일어나면서 드디어 도착한

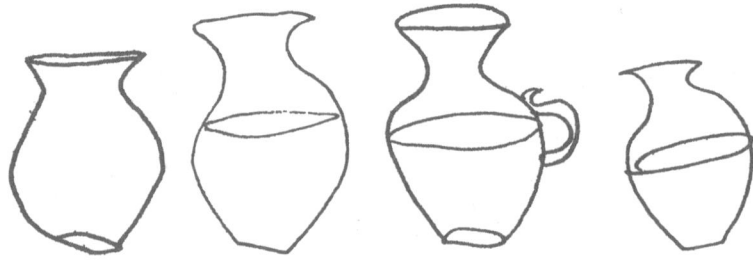

버스 정류장을 보더니 "토토로도 와?" 하고 물었습니다. 그래서 "고양이 버스가 오지" 하고 썰렁한 대화를 하면서 버스를 기다렸습니다.

최근, 아이들의 감성도 어른의 감성과 다를 바 없구나, 하는 생각을 자주 합니다.

예를 들면 〈센과 치히로의 행방불명〉을 보고는 "가오나시는 사실은 좋은 사람, 무섭지 않아"라는 말을 한다든가, 토토로와 자매가 버스 정류장에서 만나는 장면에서 언니가 동생을 업고 있는 걸 보고는 "착한 언니야, 정말 착해" 하면서 고개를 끄덕이거나 할 때는 정말 그런 생각이 듭니다.

나는 아무것도 가르쳐준 것 같지 않은데도, '감성'이 아이들 안에서 착실하게 자라고 있습니다. 정말 신기한 일이지요. 좋은 자극을 받으면 거기에 반응하는 것뿐이지만, 어딘가에서 기억에 남아, 성장하는 과정 중에 유사한 다른 것들에 반응할 수 있게 되는 것 같습니다. 따라서 어릴 때부터 너무 어린아이 취급하지 않고, 많은 어른 동료를 만나게 하고, 다양한 좋은 것을 경험하게 하고, 잘 못 알아들으면 열심히 설명해주는 프로세스가 중요하다는 생각이 듭니다.

내가 굉장히 좋아하는 영화 중에 그레고리 펙이 주연을 맡은 〈알라바마 이야기〉라는 영화가 있습니다. 그레고리 펙이 연기하는 애티커스는 변호사로, 아내를 병으로 먼저 보내고 아이 두 명을 돌보면서, 1930년대의 미국 남부라는, 지역적으로도 시대적으로도 뒤떨어진 상황에서 법정에 서게 됩니다. 그의 아이들도 그 과정을 지켜보는데, 결국 자신이 변호하던 죄 없는 흑인이 온갖 굴욕을 견디지 못하고 죽고 마는 이야기입니다.

이 영화 속에서 다섯 살 정도로 나오는 애티커스의 딸은 엄마가 살아 있을 때처럼 애티커스를 '아빠'라고 부르지 않고 '애티커스'라고 이름으로 부르며, 도저히 어린애의 질문이라고 생각할 수 없는 여러 가지 질문을 던집니다. 영화에서였는지 혹은 영화를 본 다음에 읽은 원작 책 《앵무새 죽이기》 속에서였는지 확실하게 기억나진 않지만, 소녀가 아버지에게 "배려라는 게 뭐야?" 하고 묻는 장면이 나옵니다. 그 어려운 질문에 애티커스는 딸을 자신의 무릎에 앉히며 "그건, 다른 사람의 신발에 내 발을 넣고 걸어보는 거란다" 하고 대답합니다. 작은 신발이라면 작은 신발이기 때문에, 큰 신발이라면 큰 신발이기 때문에 착용감이 전혀 다를 수 있듯이, 사람의 마음도 그 사람의 신발을 신고 걸어보지 않으면 알 수 없다는 이야기입니다.

처음으로 이 영화를 본 건 미국에서 유학 생활을 막 시작했을 때였습니다. 영어를 거의 알아듣지 못했는데도 단편적으로 내용을 이해하고, 조용한 감동을 느꼈던 게 기억납니다. 그때 내가 언어를 초월해 무엇인가를 느꼈듯이, 분명히 아이들도 좋은 경험을 하면 언어를 초월해 무엇인가를 느끼고 마음이 움직일 것입니다. 그런 힘을 지닌 아이들이기에, 아이가 질문을 하면 그레고리 펙이 연기한 애티커스처럼 어떤 질문을 받아도 대충 얼버무리지 않고 그때 주어진 상황에서 최선의 답을 해주는 것이 중요할지도 모르겠습니다. 나는 아직도 애티커스를 따라가려면 한참 모자라고, 다른 사람의 신발을 신고 걷는 것도 불가능합니다. "아, 알았어. 나중에 나중에~" 하고 적당히 넘어가는 일도 많습니다. 하지만 마음속 어딘가에서 나도 저렇게 되고 싶다, 저런 부모가 될 수 있으면 참 좋겠다는 생각을 하게 됩니다.

그레고리 펙은 나랑 같은 대학 출신

제2의 그레고리 펙이 되길 원하는 사람이,
그 캠퍼스를 걷고 있었던 게 틀림없다.
다시 한 번 대학생이 되었으면…
그러면 다시 한 번, 많은 곳들을 여행하고 싶다.

This is It

엄마가 "리카, 마이클 잭슨 영화는 꼭 봐라!" 하고 말하길래, 순순히 영화 〈This is It〉을 보러 갔습니다. 엄마가 추천한 영화는 지금까지 다 성공적이었거든요.

와우~ 완전히 감동의 도가니입니다. 소름이 다 돋았습니다. 이렇게까지 감동을 받은 게 대체 얼마 만인지. 마이클 잭슨의 음악은 좋아하지만, 사람 자체가 이토록 멋지다는 사실은 이번에 처음 깨달았습니다. 전 세계 사람들이 그를 그토록 사랑하는 이유를 바로 이해할 수 있었다고 할까요. 이 영화는 무슨 일이 있어도 음향이 좋은 영화관, 그것도 앞에서 세 번째 줄 한가운데에서 봐야 하는 영화 중 하나입니다. 덕분에 지금까지 경험하지 못한 엔터테인먼트를 맛볼 수 있었습니다. 고작 두 시간 정도의 소멸해가는 시간을 위해, 이렇게 많은 사람들이 힘을 합쳐 마이클 잭슨의 말에 귀를 기울이고 콘서트를 창조해왔구나, 상상하는 것만으로도 몸이 떨릴 지경입니다.

어떤 사람이 무슨 말을 하더라도 조용하고 겸허하게 귀를 기울이는 마이클 잭슨의 모습은, 진정한 의미로, 자신의 힘을 믿어주는 사람에게만 취할 수 있는 태도구나, 하고 저절로 느껴지게 하는 무엇인가가 있었습니다. 젊은 여성 기타리스트에게 "여기는 당신이 주인공인 부분이니까" 하면서 용기를 주는 모습도 감동적이었습니다. 많은 감동을

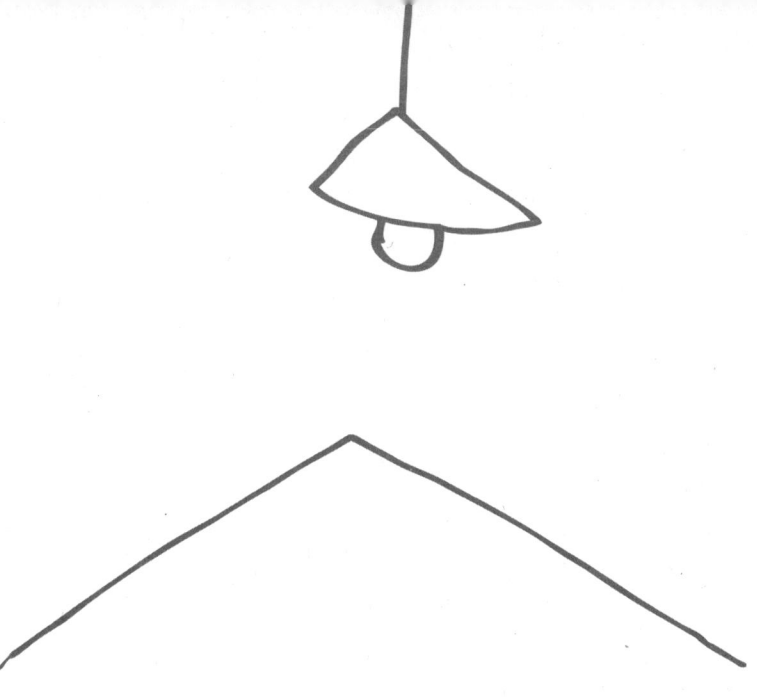

주고 애정을 주고, This is It, '이것이 마지막'이라는 콘서트를 열려고 했던 마이클 잭슨. 그런 그를 영화에서나마 다시 만날 수 있어서 참으로 다행입니다.

엄마는 다시 한 번 보러 갈 예정이라고 합니다(엄마의 그런 말랑말랑한 마음, 정말로 존경합니다). 사실 영화를 보러 갈 때 "카린하고 사쿠라도 이해할 수 있을까?" 했더니 "당연하지, 음악인걸" 하고 말씀하시길래 아이들도 다 데리고 갔습니다. 오늘은 아침부터 다들 마이클 노래에 빠져 춤을 추고 있습니다. 네 살짜리 둘째 딸 사쿠라가 이렇게 외칩니다. "엄마! 그 무서운 음악 틀어줘!"

성게 토마토크림소스 파스타

만일 '이것이 마지막' 밤이라면,

마지막 식사는 주먹밥으로 할까, 토마토소스 파스타로 할까,

아니면 조금 비싸더라도 성게 토마토크림소스 파스타와 화이트 와인으로 할까….

어렵군. 이 파스타는 그 정도로 맛있다고 생각한다.

재료(4인분)

성게 70g(1팩), 토마토 1개 분량(껍질째 간 토마토는 1/2컵 분량), 생크림 1/2컵, 당근(간 것) 1/4작은술, 소금 1/2작은술, 설탕 1/4작은술, 고추 1~2개(잘게 다진 것), 흑후춧가루·일본 파슬리 혹은 이탤리언 파슬리 약간, 파스타(1.9mm짜리) 240g, 파스타 삶을 물과 소금(물 12컵에 소금 2큰술)

만드는 법

1. 물을 끓여 소금을 넣고 파스타 면을 삶는다.

2. 내열 그릇 혹은 내열 볼에 성게, 토마토, 생크림, 당근 간 것, 소금, 설탕, 고추를 넣는다.

3. 파스타를 삶는 동안 ❷를 전자레인지로 3분간 가열한 후 섞어둔다.

4. 파스타가 알맞게 삶아지면 건져내어 ❸의 소스와 섞는다. 마무리로 흑후춧가루와 파슬리를 뿌려서 낸다.

와인 파티를 합시다

그레이 아나토미

최근 〈그레이 아나토미〉라는 미국 TV 프로그램 시리즈를 보고 있습니다. 상당히 재미있습니다. 활기찬 여성이 주인공이기 때문일지도 모르겠습니다.

애당초 나는 미국 드라마 〈초원의 집〉에 끌려 미국에 가고 싶다고 생각한 사람이었습니다만, 막상 유학을 가보니 캐롤라인처럼 애플파이를 구워주는 여성은 없다는 것을 깨달았습니다. "인걸스 일가에 반해 미국에 왔습니다" 하고 말했더니 "그게 얼마나 옛날 얘긴데" 하면서 다들 웃음을 터뜨리더군요.

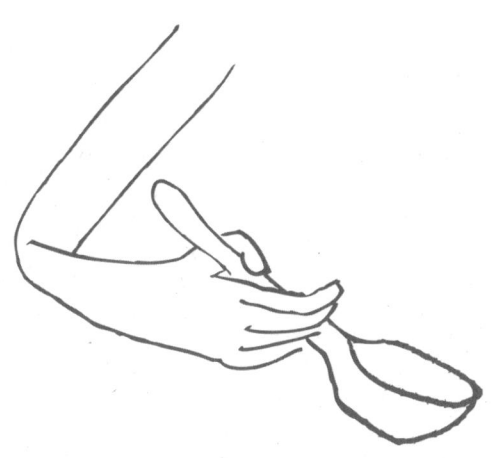

미국에서 여성은 남성과 평등하게 책임을 다하며 일을 하고 있었습니다. 말하자면 그녀들에게는 어떤 의미로는 '일을 그만둘 자유'가 없었습니다. 일본처럼 남자가 집에 돈을 착착 가져다주는 시스템도 없거니와, 이혼율도 높습니다. 직장이 없어 아이의 친권을 포기해야 하는 여성도 있었습니다. 산휴도 3개월이면 많은 편입니다. 지금도 그런 상황은 아직도 변하지 않은 것 같습니다.

〈그레이 아나토미〉 속 외과 인턴인 주인공 여성들을 키워온 세대가 바로 내가 만난 미국인 여성들입니다. 필사적으로 일을 하고 집은 엉망진창이지만 어떻게든 가사를 꾸리면서 자신의 아이들은 남성과 대등한 책임감을 가지고 일할 수 있도록 키워내고 있었습니다.

많은 등장인물 중 내가 제일 좋아하는 여성 의사는 베일리 선생. 흑인에 아이도 있는데, 남편한테도 그리고 다른 여성한테도 계속 치이는 입장입니다. 하지만 항상 목표를 잃지 않고 일관성 있게 행동하며, 결과적으로는 누구한테나 신뢰받는 인물이죠. 그녀를 보면서 '일관성이란 건 참 중요하구나' 하는 생각을 하게 됐습니다. 내가 말하는 것이 항상 변함이 없다면 아이들을 포함해 주위 사람들도 좋은 대처법을 생각할 수 있을 테니까요. 또 베일리는 자신의 라이벌이 보다 좋은 포지션을 획득해도 절대 발목 잡는 일 없이, 마지막에 "내가 어시스트해줄게" 하고 선언합니다. 사실 현실에는 뒤끝 있는 사람이 얼마든지 존재합니다. 하지만 일의 조직이라는 게임에 참가한 이상, 베일리처럼 갈등을 초월한 각오를 가진 사람이 없으면 각각의 조직의 향상이나 발전은 이루어지지 않겠지요.

You can be Anything. 어머니한테 항상 이런 소리를 들으며 자란 여성들이 외과 의사가 되고, 국방부 장관이 되고, 우주 비행사가 되었습니다. 자연스럽게 '멋있다'는 생각이 듭니다. 나도 딸들에게 (가능한 한 여성스러움은 간직하길 바라지만) '되고 싶은 것은 뭐든 될 수 있다'고 주문처럼 읊조리며 스스로의 한계를 만들지 않는 인간으로 키울 수 있었으면 좋겠습니다.

간단 스토우훠궈

자극을 즐기는 여성들에게 어울리는 스파이시한 요리!

재료(4인분)

참기름 1/2컵, 돼지고기 삼겹살 얇게 저민 것 200g(잘게 썰어도 좋다), 마늘(다진 것) 1톨 분량, 물 6컵(1200ml), 치킨 수프 스톡(맛을 내는 국물) 2작은술

A - 양파 1개(7mm 폭으로 종단면으로), 시금치 1/2묶음(길이를 반으로 자른다), 파 2개(4~5cm로 자른다), 배추 1/8개(4~5cm로 자른다), 생표고버섯 8개(버섯대는 쓰지 않는다), 팽이버섯 1봉지(뿌리 부분은 잘라낸다), 목면두부(면보에 담아 물을 짜내는 두부) 1모, 껍질 붙은 새우 8마리(냉동이라도 상관없다), 무당게다리 4개, 쇠고기(얇게 썬 것) 200g(스키야키용이나 샤부샤부용, 사태 간 것도 좋다), 실곤약 1봉지

양념 - 달걀 8개, 고추장 적당량, 간장 1/2컵, 설탕 2큰술, 참기름 1큰술, 다진 양파 2/3개 분량

만드는 법

1. 돼지고기와 쇠고기는 5cm 폭으로 썬다. A의 채소와 버섯류는 재료란의 지시에 따라 먹기 쉽게 자른다. 두부는 키친타월로 가볍게 물기를 제거한 다음 12등분하고, 새우는 머리와 껍질을 까고 등에 칼집을 넣어 열어 등껍질을 제거한다. 게는 먹기 쉽도록 길이를 반으로 자른다. 양념의 간장과 설탕, 참기름, 파를 섞고 그 양의 반 정도를 각자의 앞접시에 나눠둔다(남은 것은 먹는 도중에 모자라는 사람이 가져갈 수 있도록 식탁에 준비해둔다).

2. 냄비에 참기름과 마늘을 넣고 가열해, 기름이 뜨거워지고 마늘 향이 나기 시작하면 돼지고기를 넣고, 중간 불로 5분 정도 익힌 후 기름이 돌면 고기만 꺼낸다.

3. 물과 치킨 수프 스톡을 냄비에 넣고, 끓으면 A의 재료와 꺼내놓은 돼지고기를 넣는다. 어느 정도 섞이면 각자 날달걀 1개를 풀고 고추장을 추가한 양념에 찍어 먹는다.

오늘은 집에서 레스토랑 요리를

연금술사

어떤 사람의 아들한테 커다란 꿈이 있다는 이야기를 들었습니다. 이야기를 듣는 내내 《연금술사》라는 책이 생각났습니다. 양치기 소년 산티아고는 보물을 찾겠다는 꿈을 좇아 여행을 떠나고, 다양한 경험을 합니다. 다시 일어날 수 없을 정도로 힘든 경험을 하는가 하면, 다른 사람에게 평생 갚을 수 없을 정도로 커다란 도움을 받기도 합니다. 꿈이 있다는 것 자체가 멋진 일입니다. 그 때문에 우리는 그 꿈을 위해 말뿐이 아닌 무엇인가를 실행하고 있는 사람을 만나면, 작은 용기를 얻게

되고, 그 사람에게 뭔가를 해주고 싶어집니다. 《연금술사》에 등장하는 멋진 어른들처럼 말이죠.

나는 때때로 언젠가 미국의 호스트 패밀리 아버지가 해주신 말씀을 지금도 떠올립니다. "리카, 나는 어떤 꿈이라도, 언제나 너의 그 꿈을 응원한단다. 꿈이란 건 아무리 많이 가져도 상관없고, 계속해서 바뀌어도 괜찮아. 중요한 건 꿈을 계속해서 가진다는 거야."

물리학을 좋아하는 그는 70세가 넘었는데도 우주 탄생을 해명하는 논문을 쓴다며 지금도 매일 몇 시간 동안 책상 앞에 앉아 있습니다. 그런 그와 재회할 때마다 에너지를 잔뜩 나눠 받습니다. 앞으로도 꿈이 있는 사람과 멋진 만남을 많이 가질 수 있었으면 좋겠습니다. 그래서 언젠가는 나도 다른 이들의 꿈을 아주 조금이라도 서포트하는 사람이 될 수 있기를 바랍니다.

덧붙여 말하자면 현재의 카린, 사쿠라의 꿈은 '결혼'입니다. 둘 다 "OO랑 결혼하고 싶다"고 말할 정도로 좋아하는 아이가 있어서, 결혼한다면 어디에서 살까, 하는 식의 이야기를 합니다. 아, 후보는 넘버 원과 넘버 투 두 명씩 있습니다. 얘들아, 잠깐만 기다려보렴. 엄마가 아야노코지 기미마로(일본의 만담가-옮긴이)의 DVD라도 사서 보여줄 테니까. 결혼이 단 하나의 꿈이라는 건 좀…. 현실은 더 힘들다는 사실도 알아두었으면 하거든. 꿈은 많을수록 좋으니까 말이지.

What's Your Dream?

아보카도와 오렌지 샐러드

초등학교 4학년 때부터 내 꿈은 미국에 가는 것이었다.

그리고 8년 후, 나는 정말로 미국에 갔고, 아보카도를 만났다.

비록 만난 곳은 멕시칸 레스토랑이었지만.

이거 왜 이리 맛있어~~~! 충격적인 맛이었다.

그런 이유로 아보카도는 나에게는 캘리포니아의 꿈의 맛이다.

재료(4인분)

아보카도 1/2개, 소금 약간, 오렌지 1개, 베이비 채소 2컵 분량

A - 엑스트라 버진 올리브 오일 2큰술, 화이트 와인 비니거(식초) 1작은술, 오렌지 과즙 1큰술, 소금·설탕 1/2작은술씩

만드는 법

1. 아보카도는 세로로 빙 둘러 깊이 칼집을 넣어 껍질과 씨를 제거하고, 1cm 두께로 자른 후 소금을 뿌린다.

2. 오렌지는 껍질을 벗겨 하나하나 떼어낸다. 깨끗하게 떼어지지 않는 과육은 통째로 짜서 1큰술의 과즙을 짜둔다(과즙은 드레싱용).

3. 그릇에 베이비 채소, ①의 아보카도와 ②의 오렌지를 올리고 A 드레싱을 골고루 뿌린다.

두 접시 디너

재즈 포 미

재즈 트럼페터 중에는 쳇 베이커, 크리스 보티를 가장 좋아하지만, 마일즈 데이비스는 역시 특별합니다. 어느 나라의 카페나 바에 가더라도 마일즈의 음악이 흐르는 순간, 그곳의 공기가 변합니다. 이런 거죠. 아, 마일즈다.

마일즈는 훌륭한 곡을 정말 많이 남겼지만, 가장 좋아하는 곡이 뭐냐고 묻는다면 'It Never Entered My Mind'라고 대답할 것입니다. 이 곡은 토론토에서 처음으로 들은 곡입니다. 혼자 출장을 갔을 때였는

데, 평소처럼 '외국에 혼자 온다는 건 쓸쓸한 일이구나' 하는 생각을 하며 길을 걷고 있다가 오래된 레코드 숍에서 이 곡을 만나고 말았습니다. 레코드 숍 주인아저씨에게 "Is This Miles?" 하고 물었더니, "마일즈 좋아하세요? 반가워요" 하면서 그가 직접 만든 재즈 컴필레이션 CD를 주셨습니다. 빌 에반스, 오스카 피터슨, 쳇 베이커, 키스 자렛, 존 콜트레인, 맥코이 타이너, 미셸 페트루치아니, 크리스 코너, 그리고 마일즈의 곡은 'It Never Entered My Mind'. 그 곡에 반응해 가게로 들어온 나에게 이 CD를 선물해준 것입니다.

그런 레코드 숍 주인에게 부탁을 하나 했습니다. "당신의 베스트 재즈 CD를 열 장 골라주세요. 그것들을 다 사겠습니다" 하고. 시간이 꽤… 걸렸지요(웃음). 당연합니다. 그건 그의 인생인 걸요. 마침 나는 그때 시간만큼은 충분했기에, 가게를 천천히 둘러보면서 그가 선택하는 CD를 기다렸습니다. 토론토 출신인 그가 고른 재즈 피아니스트, 오스카 피터슨의 CD는 〈We Get Requests〉. 그것 역시 내가 아주 좋아하는 것입니다.

시간을 초월하고 국적을 초월해 다른 사람과 진심으로 마주한 순간은, 끝없이 깊고 평생 잊을 수 없는 종류의 것입니다. 서로 좀 더 이야기를 하고 싶은 아쉬운 여운을 남긴 채, 가게를 뒤로했습니다. 오늘 밤은 마일즈 데이비스에게 진판델로 건배. 진판델의 달콤한 향기가 그와의 추억과 겹치는 것 같습니다. 레드 와인과 마일즈 데이비스. 잘 어울리네요.

클래식 CD

저녁 식사에는 재즈가 가장 잘 어울리지만,
실은 클래식도 굉장히 잘 어울린다.
사랑하는 라흐마니노프, 바흐, 모차르트의 작품 중에서
식사를 하면서 술을 마시면서, 그리고 커피를 마시면서
듣고 싶어지는 곡을 골라보았다.
여러분의 마음속으로 슝 날아가고 싶은 멜로디로 가득 차 있다.

유키마사 리카 감수
⟨Music for Dinner & Drink⟩
Sony Music Japan International Inc.

키스 자렛

'좋아한다'는 말은 계속 하고 다니고 볼 일입니다. 나는 사람을 만날 때마다 입버릇처럼 "키스 자렛을 좋아한다"는 말을 했는데, 그 때문에 많은 분들이 여기저기서 CD나 DVD, 심지어 콘서트 티켓까지 구해주셔서, 5월 초하루에는 키스 자렛의 콘서트에 다녀왔습니다.

콘서트장에 들어서니, 보통 클래식이나 재즈 콘서트와는 달리, 관객들이 모두 힘을 주고 잔뜩 긴장하고 있는 게 느껴졌습니다. 뭐랄까, 다들 키스 자렛과 마주할 준비를 하고는 가슴을 두근거리며 겨우 의자

에 앉아 있는 것 같은 느낌이었습니다. 나도 무척 긴장한 나머지 기침이 나올 정도였습니다. 병 때문에 오래 쉬다가 복귀한 키스가 이번에는 어떤 연주를 들려줄까.

이 콘서트는 한마디로 말하면 (가본 적은 없지만) '우주여행' 같은 콘서트였습니다. 우주 비행선에 탄 우리는 긴장하면서 대기권을 뚫고 나가 불안정한 움직임 속에서 처음으로 우주를 경험하려고 합니다. 아직 우리가 사는 물의 행성, 지구가 보이긴 하지만 어쩐지 불안정한 암흑 속에 오로지 하이 스피드로 계속 올라가는 느낌입니다. 그렇게 천천히 흔들리는 가운데 키스가 갑자기, 우주선을 엄마의 별 지구의 눈앞으로 유도해줍니다. 그리고 이렇게 말하는 거죠. "대단하지? 정말 아름답지? 온화하지? 이렇게 큰 사랑으로 키워주었기 때문에 우리가 이렇게 살아 있는 거란다."

요즘 나는 많은 것들을 깨닫지 못한 채 시간을 보내고 있습니다. 태어나는 수많은 것들, 사라지는 많은 것들에도 충분한 주의를 기울이지 못하고, 눈앞에 있는 것에만 매달리며 삽니다. 하지만 작은 것들은 착실하게 자라 커지고 변화를 계속하며, 큰 것들은 나이를 먹고 약해지고 다시 소멸해갑니다. 키스의 곡은 별의 탄생에서부터 소멸까지, 그리고 동시에 누군가의 인생의 처음부터 마지막까지 관통하며 보여주는 것 같습니다.

우주선은 드디어 지구로 돌아가, 마지막에는 다정한 바다로 내비게이트해줍니다. 키스가 앙코르곡으로 쳐준 것은 'The Melody at Night, with You'부터 'My Wild Irish Rose'. 내가 가장 좋아하는 곡입니다. 전신에 소름이 쫙 돋았습니다. 이 곡을 듣게 되다니, 상상도 하지 못했습니다. 정말로 이런 일이 나에게 일어나다니, 믿을 수가 없습니다. 하지만 사실은 내 마음속 어딘가에서는 어쩌면 무슨 일이 일어날지 모른다고 기대하고 있었는지도 모를 일입니다. 키스에게도 이 곡은 특별한 곡일지도 몰라, 멋대로 이런 상상을 해봅니다.

피아노라는 악기를 통해 모두를 우주여행으로 안내하기 위해 힘이란 힘을 다 써버린 나머지, 마지막에는 팔을 축 떨어뜨리며 인사를 하는 키스 자렛. 그는 자신이 방출하는 에너지로 반짝반짝 한참을 빛나고는 다시 무無로 돌아갑니다. 그 때문에 지금 그에게는 뭔가 다른 힘이 우주에서 내려오고 있습니다. 그 모습을 아마 나는 평생 잊을 수 없을 겁니다.

도쿄예술극장을 나와 전차를 타고 내려서 천천히 걷고 있는데 어디선가 은은한 나무 내음이 풍겨왔습니다. 기분이 편안해지면서 폐 속까지 물들이는 듯한 초록의 내음. 여름을 코앞에 둔, 춥지도 덥지도 않은 밤. 도쿄 거리는 정말 믿을 수 없을 정도로 싱그러운 초록으로 둘러싸여 있었습니다. 아아, 나는 지금까지 왜 이런 멋진 것들을 알지 못했을까요?

콘서트에 가거나 연극을 보러 간다는 것은, 평소에 영양크림 등으로 두껍게 막혀 있던 모공을 깨끗하게 닦고 새 모공을 찾아 공기를 불어 넣어주는 일일지도 모르겠습니다.

recipe

훈제 연어 팬케이크

키스 자렛의 음악을 들으면서 내가 마시고 싶은 술은, 김렛(칵테일).
그리고 김렛을 마시면서 안주로 먹는 게 바로 이것.
이렇게 준비되면 이젠 취해버려도 상관없다.
머리가 빙글빙글 돌기 시작하면, 소파 깊숙이 몸을 눕히고 그대로 잠들고 싶다.

재료(4인분)

훈제 연어 8장, 핫케이크 믹스 1/2컵, 밀가루 2큰술, 물 1/2컵, 딜(dill, 허브) 적당량, 크림치즈 30g, 우유 2큰술, 달걀노른자 1/2개 분량, 소금 1/8작은술

만드는 법

1. 볼에 핫케이크 믹스와 밀가루, 물을 넣고 섞는다. 핫케이크를 굽는 요령으로 작게 케이크를 굽는다(지름 4~5cm 정도).
2. 소스를 만든다. 머그컵에 크림치즈를 넣고 전자레인지로 30초간 가열한다. 잘 섞은 후 우유를 넣고 식으면 달걀노른자, 소금을 넣는다.
3. 팬케이크 위에 훈제 연어를 얹고 소스를 뿌린 다음 딜로 장식한다.

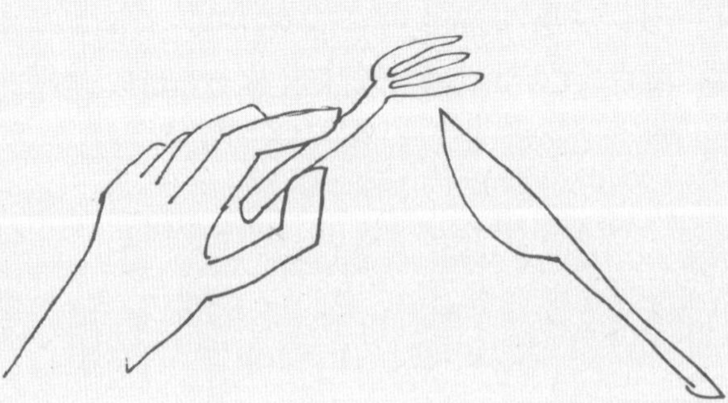

칵테일도 한잔?

러브 스토리

지난 주 금요일, 인플루엔자 주사를 맞은 딸아이가 생각보다 빨리 잠
들어버린 덕분에, 오랜만에 저녁 7시부터 시간이 생겨버렸습니다. 옛날
같으면 금요일에 일 끝내고 돌아오는 길에 친구들과 술을 마시러 가기
도 하고 영화관에 가기도 했지만, 딸을 낳고 나서는 좀처럼 그런 시간
을 내기가 힘듭니다.
이번 주는 어쩌면 영화를 볼 시간이 있을지도 모른다 싶어 미리 빌려둔
DVD를 플레이어에 넣고, 예고편이 나오는 동안 재빨리 저녁으로 먹

은 우동 그릇을 치운 다음 소파에 앉았습니다. 영화는 한국 영화. 일본 타이틀은 〈러브 스토리〉(원제목은 〈클래식〉 - 옮긴이). 예전에 재미있게 본 〈엽기적인 그녀〉를 만든 곽재용 감독의 작품입니다. 재미와 따뜻함을 겸비한 그의 스타일을 좋아했기에, 이번에도 작은 기대감을 가슴에 품고 오프닝을 지켜봤습니다. 디저트로 귤을 까먹으면서 순간 그리운 옛 시절로 빨려 들어갔습니다.

마음속으로만 품고 있던 사랑에 고민하는 지혜라는 여대생이 주인공입니다. 그녀는 날씨가 화창한 어느 날 오후, 다락방을 청소하다 먼지투성이 나무 상자를 하나 발견합니다. 그 상자에 빼곡하게 들어 있는 편지와 한 권의 일기장. 지혜는 엄마와 아빠 사이에 오고간 러브레터를 한 통 한 통 손에 들고 읽기 시작합니다. 어라? 그러고 보니 여동생과 나도 부모님이 주고받았던 러브레터를 장롱 안에서 발견하고는 "이히히히, 지하루! 세쓰야 님이래", "리카! 요시코 님이래" 하고 몸을 비틀며 읽은 적이 있었답니다. 신기하네요.

지혜는 우리가 부모님의 러브레터를 발견했을 때도 그랬던 것처럼, 자신이 몰랐던 엄마와 아빠의 모습이 있다는 것을 알게 됩니다. 그리고 영화는 지혜의 현재의 사랑과 시대를 초월해 엄마와 아빠가 경험한 사랑을, 거의 동시 진행으로 그려냅니다. 마음속 깊이 퍼지는 여운을 느낄 수 있는 아름다운 작품! 긴 가을밤에 보시길 추천합니다.

일편단심 한 사람만 사랑한다는 테마는 간단하게 묘사할 수 있는 게 아니라고 생각합니다. 게다가 요즘은 이런 고리타분한 테마보다는 좀 더 복잡하고 새로운 테마를 찾으려는 경향이 강하고, 영상에 좀 더 힘을 실은 작품을 만들어 아트 디렉션으로 관객을 깜짝 놀라게 하려는 감독도 많습니다. 하지만 〈집으로 가는 길〉을 감독한 장이머우 감독이나 곽재용 감독의 공통점은, 눈으로 보는 것뿐만 아니라 마음으로 영화를 볼 수 있는 작품을 공들여 창조해낸다는 점입니다. 깊고 따뜻한 눈길로 세상을 관찰하고, 느끼고, 경험한 것을 영상으로 재현하는 감독들에게는 언제나 감탄할 따름입니다.

하카타풍 닭고기 주먹밥

후쿠오카의 하카타 야마카사는 남성의 축제로
여성은 아침부터 닭고기 주먹밥을 만들어놓고 남자들이
연습하고 돌아오길 기다린다. 한편 도쿄 축제에서는 여성도
미코시(신령을 모신 가마 - 옮긴이)를 메고, 남성이 응원해준다.
열심히 응원하는 남자를 보면, 이런 남자들, 좋구나, 하고 생각하게 된다.
그런 솔직한 애정 표현이 간결하고 멋있다.

재료(2~3인분)
쌀 2홉, 물 2컵, 닭 다리살 1/2장(가능한
한 잘게 자른다), 우엉 1/2개(잘게 자르
거나 다진다), 당근 1/2개(껍질을 까고
다진다), 간장·맛술 2큰술씩

만드는 법
1. 쌀은 씻어서 소쿠리에 건져둔다.
2. 냄비나 솥에 재료를 모두 넣고, 보통 밥
을 짓듯이 밥을 한다. 짙은 풍미를 내고 싶
으면 소금을 1/4작은술 정도 넣어도 좋다.
3. 그대로 먹거나, 혹은 주먹밥으로 만들
어서 먹는다.

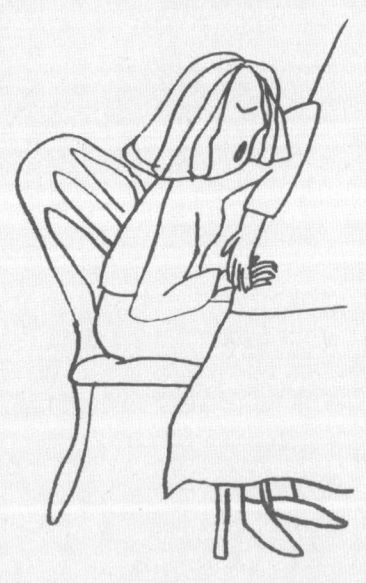

＊호쿠오카에서는 지금도 운동회나 소풍날
에 자주 먹는 음식입니다.

한 접시부터 시작해보자!

엄마의 원피스

어제는 첫째 딸의 유치원에서 학부모 회의가 있었습니다.

선생님들이 아이들의 일상을 주제로 한 종이 인형극을 꾸며주셨는데, 그게 너무나 재밌고 감동적이었습니다. 세상에는 이렇게나 멋진 선생님들이 있구나, 하는 생각에 흐뭇한 오후였습니다. 학부모 회의라는 명목으로 가진 모임이었지만, 주제는 다가오는 아이들의 재롱 잔치였습니다. 기대가 되는군요. 우리 딸은 과연 어떤 모습을 보여줄까요?

나는 내가 처음 재롱 잔치에 나갔던 때의 일을 지금도 생생하게 기억하고 있습니다. 당시 배역 경쟁(?)이 치열했던 동화 연극 〈오무스비 코로링(우리말로 번역하면 '주먹밥이 데굴데굴' 정도 - 옮긴이)〉에서 저는 주요 배역을 맡지 못하고, 막 사이에서 하나가사 온도(꽃삿갓을 들고 춤추는 전통 무용 - 옮긴이)의 삿갓을 쓰고 좌우로 흔드는 게 다인 역할을 받았습니다. 그런데 재롱 잔치 당일 아침, 주먹밥을 만드는 주연인 할머니 역할을 하기로 했던 여자아이가 열이 나서 오지 못하게 됐지 뭡니까. 선생님은 당황해서 헤매시고, 할아버지 역할을 하는 남자아이는 울음을 터뜨렸지요.

나는 아마도 당시에 항상 "좋겠다, 부럽다" 하면서 할머니 역할을 맡은 아이를 흉내 내며 다녔던 모양입니다. 선생님이 갑자기 "리카가 해볼래?" 이러시는 게 아니겠어요? 나는 기뻐하며 "주먹밥이 데굴데굴, 주

먹밥이 데굴데굴, 주먹밥을 좋아하는 쥐는 누구지?" 하면서 열심히 연기를 했습니다. 복도에서 연습을 마치고, 드디어 진짜 무대. 갑자기, 내 인생 최초이자 마지막 주역을 연기하게 된 것입니다.

연극이 끝나니 모두가 크게 박수를 쳐주었고, 선생님들도 기뻐해주셨습니다. 재롱 잔치가 끝나고 발갛게 상기된 채 엄마를 붙잡고 "내가 한 주먹밥 데굴데굴 봤어?" 이렇게 물었더니 "리카가 나왔니? 어쩐지 옆 사람이 할머니 역 하는 사람이 리카랑 닮았다고 하더니. 근데 너 삿갓 역할 하는 거 아니었어?" 이러는 게 아니겠어요. 아무래도 내가 〈오무스비 코로링〉을 연기할 때 옆자리 아주머니와 떠드느라 제대로 보지 못한 것 같았습니다.

재롱 잔치나 참관일마다 엄마는 항상 이런 식이었습니다. 다짐에 다짐을 받아놓지 않으면 제대로 오지도 않고, 오더라도 제대로 보지 못할 때가 많았습니다. 일부러 그런 건 아니었겠지만 내 참관일에 동생 교실에 가거나, 동생의 풀장 견학 시간에는 나한테 오거나, 솔직히 정말 정신없는 엄마였지요.

그래서 항상 동생과 나는 뒤를 돌아보면서 "엄마는 제대로 오고 있나?" 하고 확인하곤 했답니다.

가끔씩 돌아보면 제대로 오고 있는 엄마, 게다가 하늘하늘한 핑크색 원피스를 입고 오는 엄마를 보면 기분이 좋아져 하늘로 날아갈 것 같았습니다. 교실에 있는 사람 중에서 우리 엄마가 제일 예쁘다고 생각했으니까요.

지금 와서 그때 찍은 사진을 보면, 우리 엄마 말고도 예쁜 엄마들은 많이 있습니다만, 그때는 우리 엄마가 너무나 자랑스러워서 어쩔 줄 몰랐습니다.

"이 원피스, 이제 버릴까?"

옷장을 정리하면서 이렇게 말하는 엄마에게 "그 원피스는 버리지 마, 아직 더 입을 수 있잖아" 하고 나랑 동생이 매달려서 부탁했던 기억이 납니다. 소매와 치마 부분을 시폰 소재로 이중 처리한 드레스였는데, 그 디자인까지 다 생생하게 기억나는 걸 보니, 참 어지간히도 좋아했던 것 같습니다.

이 원피스를 입고 있던, 누구보다도 예뻤던 엄마의 모습은 우리 자매의 마음속에 평생 남아 있겠지요. 청바지도 편해 보이고 좋지만, 추억 속 엄마 모습으로는 역시 여성스러운 원피스가 최고입니다.

나도 여성이 되어야겠다

우리가 어릴 때, 엄마들은 모두 다 스커트를 입고 있었다.
여성이 일하는 시대. 기능성 때문에 바지 차림이 많아졌다.
하늘하늘 흔들리는 스커트 차림. 역시 여성스럽다.

배운다는 것

나랑 여동생은 어릴 때부터 글씨 쓰기와 피아노를 배웠는데, 나는 싫증을 잘 내는 성격이라, 둘 다 별로 큰 발전을 보지 못했습니다. 하지만 자신 있게 이야기할 수 있는 게 하나 있습니다. 그건 바로 내가 '다른 학생들의 벽이 되어주었다'는 점입니다. 덧붙이자면 이건 내가 한 말이 아니라, 같이 글씨 쓰기를 배운 소꿉동무가 한 말입니다. "이번에는 선생님한테 혼나겠구나, 하고 생각하면 항상 리카가 엄청나게 혼나고 있잖아. 그래서 우리는 혼날 일이 없다니까. 리카는 항상 우리의 벽

이 되어주는 것 같아". 선생님은 항상 나를 혼내는 데 에너지를 다 써 버려, 다른 아이들에게는 화를 낼 기력도 없었던 것입니다.

피아노 연습을 할 때는, 나는 이번에는 동생의 벽이 되었습니다. 그건 일단 엄마가 "왜 제대로 치지 않니!" 하고 화를 내는 상대가 저였기 때문입니다. 그리고 신발도 주지 않고 밖으로 쫓아버리는 것도 저였기 때문이죠(지금처럼 위험한 시대에는 언감생심 생각도 못할 일일지 모르겠지만, 날씨가 아무리 추워도, 아무리 늦은 시간이라도, 피아노를 제대로 연습하지 않으면 무조건 집에서 쫓겨났답니다). 동생은 그런 나를 불쌍하게 여겨 신발을 현관 밖으로 내놓아주었습니다. 그러고는 바로 깨달았겠지요. 자신도 이제 곧 '맨발로 집 밖으로 쫓겨나느냐, 피아노 연습을 하느냐' 둘 중 하나를 선택해야 한다는 사실을. 동생은 언제나 주저 없이 '피아노'를 선택했습니다. 말하자면 엄마한테 "맨발로 밖에 서 있다니, 참 꼴불견이지?" 하는 말을 들은 덕분에, 동생은 결국 피아노 강사 면허까지 따게 된 셈이지요.

솔직히 말하면, 우리 둘의 소녀 시절은 '피아노 선생님으로 만들겠다'는 엄마의 꿈에 농락당한 시기였습니다. 하지만 지금 내가 음악을 이렇게 좋아하게 된 것도, 역시 엄마 덕분입니다. 그 점은 정말 감사하게 생각하고 있답니다. "음악은 친구가 되어준단다. 리카!" 하고 말하면서 한밤중에도 헤드폰을 끼고 전자오르간(엘렉톤)을 연습하는 엄마의 뒷모습. 그런 엄마의 정열이 있었기에 나는 지금 음악과 친구가 될 수 있었습니다. 그리고 음악을 좋아하는 친구와도 친구가 될 수 있었죠.

"엄마, 시끄러워", "음악 좀 꺼". 항상 음악을 들으면서 요리를 하거나 청소를 하는 나에게, 딸들은 이렇게 말합니다. 하지만 엄마는 계속 들을 거란다. 언젠가 음악은 반드시 너희에게도 좋은 친구가 되어줄 테니까. 쓸쓸할 때도, 그리고 마음이 녹을 것처럼 기쁠 때도, 항상 같이 있어줄 테니까.

나는 배운다는 것 자체가 인생의 형태를 만들 정도로 대단한 것은 아니라고 생각하지만, 그래도 배운다는 것은 아주 중요한 일입니다. 그리고 배우는 일 중에서도 가장 중요한 건 배우는 행위를 계속하는 것입니다. 그런데 최근에는 어떤 걸 배우더라도 금방 그만두게 되네요. 슬프게도.

심플 토마토소스 파스타

"정리 좀 해", "공부 좀 해", "피아노 연습 좀 해" 하고 항상 딸들에게 화를 낸다.
내가 너무 심했나 싶을 때 딸들이 좋아하는 것을 만들어준다.
첫째 딸은 토마토소스 파스타, 둘째 딸은 심플 토마스토스 파스타. 이히히히히히히.
맛있는 것을 만들어 먹여주면 멀어졌던 마음이 다시 돌아온다.

재료(4인분)

파스타 320g(1인분 80g)

토마토소스 - 홀 토마토(캔) 1캔(400g),
소금·설탕 1/2작은술씩, 올리브 오일(가
능하면 엑스트라 버진) 2큰술, 당근(간
것) 1작은술, 홍고추(간 것) 약간

파르메산 치즈(간 것)·파슬리(있으면 장
식용과 다진 것 따로) 적당량

만드는 법

1. 덮밥용 그릇이나 볼 등 전자레인지에
넣어도 되는 그릇에 홀 토마토를 붓고 주
방용 가위로 대충 자른다. 손으로 잘라
도 상관없다.

2. 소금, 설탕, 기호에 따라 당근 간 것이
나 홍고추 간 것을 첨가해 섞은 후, 랩을
씌우지 않고 레인지에서 17~20분간 가열

한다. 15분 정도 지난 후 정지하고, 전체
를 잘 섞고 다시 데우면 좋다.

3. 살짝 탄 부분이 있다면 레인지에서 꺼
내, 탄 부분을 스푼으로 제거한다.
마지막에 올리브 오일을 넣고 전체를 잘
섞으면 소스 완성.

4. 파스타를 삶는다. 다 삶아진 파스타
면을 소쿠리로 건져 소스와 섞는다. 완성
된 파스타에 파르메산 치즈나 파슬리를
뿌린다. 엑스트라 버진 올리브 오일을 휘
리릭 뿌려도 맛있다.

에브리데이! 파스타

신천지 구름 위는 언제나 맑음

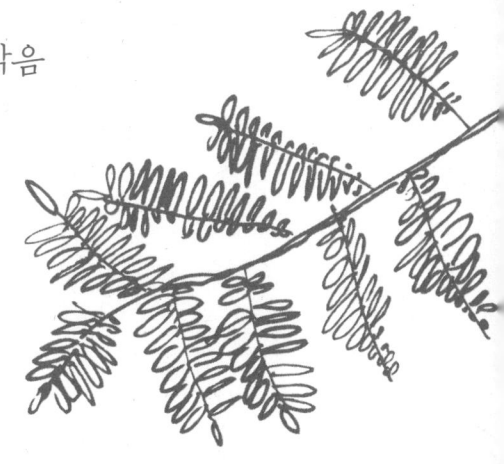

나는 나의 초등학교 입학식 날을 아주 잘 기억하고 있습니다.

그날은 굉장히 화창했고, 처음 들어간 교실 책상에는 '유키마사 리카'라고 히라가나로 이름을 쓴 쪽지가 붙어 있었습니다.

그런데 그 이름을 슬쩍 만졌을 뿐인데 종이가 찢어져서, 유키마, 사리카, 라고 분리되는 바람에 아주 슬펐던 기억이 납니다. 누군가가 다시 써서 새로운 종이를 붙여주지 않을까, 하는 생각을 잠깐 했지만 누구한테 어떻게 말해야 할지 알 수 없어서 '유키마, 사리카'라는 이름으로 한동안 지내야 했습니다.

그 뒤에 내 이름을 직접 한자를 쓸 수 있는 나이가 된 다음에는 새로운 담임선생님이 '유키마, 사리카'가 아니라 '유키도마리, 가오리'라고 부른 적도 있었습니다. '正' 자의 맨 위 一자가 잘 보이지 않았던 모양입니다. 유키마사, 이쿠마사, 유키도마리, 뭐라고 부르셔도 상관 없습니다. 괜찮아요. 어린애 주제에 속으로 그런 생각을 했던 기억이 납니다.

학교에서 기껏 이름을 제대로 기억해주나 했더니, 이번에는 아빠 직장이 말썽이었습니다. 전근을 자주 해 이사를 여러 번 다녀야 했거든요. 유치원 때 한 번, 초등학교 때 두 번, 중학교 때 한 번, 평균 2, 3년에 한 번씩 이사를 다녔던 것 같습니다. 그때마다 친구들과 헤어져야 하는 슬픈 경험도 해봤고 새 학교에서 이지메도 당해봤습니다.

애들한테 불려가 그 애들한테 빙 둘러싸여본 적도 있습니다. 고개를 숙이고 실내화에 쓰여 있는 내 이름을 지그시 바라봤는데, 눈을 감으면 눈물이 떨어질 것 같아서 눈을 감지 않으려 안간힘을 썼던 기억이 납니다.

동물 세계에서도 낯선 이가 들어오면 원래 있던 이는 공격을 합니다. 새로운 것, 자신과 다른 것이 무섭기 때문이죠. 평소의 리듬과 관습을 깨는 것이 두렵기 때문입니다. 그런 생각은 먹을 것에 대해서도 마찬가지입니다.

항상 먹는 노른자가 초록색이라면 분명히 우리는 먹고 싶다고 생각하지 않을 겁니다. 슬프게도 이지메라는 것은 동물에게는 본능과 같은 것일지도 모르겠습니다.

엄마는 내가 학교에서 이지메당했다는 말을 하면 "다른 사람을 괴롭히는 아이는 불쌍한 아이야. 약하니까 새로운 사람이 무서워서 괴롭히는 거란다. 그러니까 참 불쌍하구나, 가엾구나, 이렇게 생각하고 그냥 당당하게 행동하면 언젠가는 사이좋게 지낼 수 있게 될 거야" 하고 말했습니다. 애들이 괴롭힌다고 선생님한테 이르는 방법도 있겠지요. 또는 다른 사람에게 도와달라고 할 수 있을지도 모르겠습니다. 하지만 그것은 본질적인 해결 방법으로 연결되지는 않는 것 같습니다. 그때 엄마가 해준 냉정한 말은, 내 자신이 엄마가 된 지금 와서 보니, 새삼스레 대단한 말이라는 생각이 듭니다. 결국 나에게 단 하나뿐인 해결법을 말해준 셈이니까요.

어른들은 이사를 하면 아이들에게 미안하다든가, 새로운 학교로 전학 가야 하니 불쌍하다든가, 하는 걱정을 하지만, 사실 아이들 입장에서 보면 언젠가는 사회에서 경험할 것을 조금 일찍 경험하는 것뿐입니다. 사회에 나가도 똑같이 전근도 있고 전직도 있고 괴롭힘을 당하는 일도 있으니까요. 하지만 그때 그것을 '이 세상의 끝'이라고 느끼지 않도록 과거에 단 한 번이라도 좋으니 '다시 일어설 수 있었던 경험'이 필요한 게 아닐까요?

만일 앞으로 내 딸들이 전학을 하게 된다면 "처음 한 달 동안은 분명히 괴롭히는 친구가 있을 거야. 하지만 나중에는 다들 분명히 착해진단다. 원래 그런 거니까, 힘내렴" 하고 말해줘야겠습니다.

'신천지 구름 위는 언제나 맑음'. 상사가 가르쳐준 말입니다. 신천지에 간 사람들의 하늘이, 언제나 푸르게 빛났으면 좋겠습니다.

새로운 것에는
기쁨과 고통이 '세트'로 함께 온다.

힘들 때는 〈프리티 우먼〉이나
〈노팅힐〉을 본다.
단순하게 웃거나, 울거나.
이러면 마음도 리셋 완료!

그때 그 말

나도 딸을 둘이나 두었으니 앞으로 어떤 부모가 될까? 하고 상상하는 일이 점점 많아집니다. 역시 나도 우리 엄마나 아빠처럼 될까? 하는 생각도 해봅니다. 부모의 영향으로 자신의 인생이 결정적으로 변해버린 순간은 누구라도 한두 번쯤은 있겠지만, 지금 돌이켜 생각해보면, 내가 고등학생 때 부모님의 말씀에서 받은 영향은 셀 수 없을 정도입니다.

옛날 옛적 내가 고등학교 2학년 때의 일입니다. 당시 학교에서는 진학 상담이 한창이었습니다. 당시 나는 잠자는 병에 걸려서(진짜 병은 아닙니다. 그냥 선생님 말씀을 들으면 졸음을 참을 수 없어지는 흔한 병이지요) 자는 시간이 증가함에 따라 성적도 곤두박질. 면담 날에 담임인 화학 선생님이 계시는 화학실로 엄마를 안내하면서 나는 "저기, 엄마, 이번 시험 성적이 많이 안 좋으니까, 놀라지 말고 선생님 말씀 들어" 하고 부탁을 했더랬습니다.

드르륵 나무 문을 열고 화학실로 들어가니, 흰 실험 가운을 입은 담임선생님이 웃으며 인사를 하고는 부드러운 말투로 참담한 현실을 전해주셨습니다.

"지금 상태라면 4년제 대학교는 무리고, 2년제라도 들어가면 다행인데…"

"해보지 못할 건 없습니다만 그래도 위험부담이…"

이야기는 점점 길어졌습니다. 나는 일단 머리를 아래로 떨어뜨린 채 어떻게 하면 그 자리를 빨리 모면할 수 있을까 하는 생각만 하면서, 가끔씩 모기만 한 소리로 "다음에는 잘하겠습니다" 하는 말을 하는 수밖에 없었습니다.

그런데 그 순간 갑자기 엄마가 자신의 의견을 이야기했습니다. 그것도 '방귀 뀐 놈이 성내는' 방식으로 말입니다. 똑 부러지는 말투로 엄마가 입 밖으로 내놓은 말은 이랬습니다.

"애당초 공부를 좋아하지도 않는데 대학을 가야 한다는 것 자체가 이상한 것 아닌가요? 저는 고등학교 졸업만으로도 충분하다고 생각합니다."

갑작스러운 폭탄 발언에 나도 눈이 동그래졌습니다. "뭐? 나, 대학 안가도 되는 거야? 처음 듣는 소린데?" 하는 느낌이었죠. 하지만 내 장래를 생각하고 계시는 선생님도 간단하게는 물러나지 않았습니다. "그래도 모두들 진학을 목표로 노력하고 있는 만큼…"

이때 엄마는 다시 결정적인 한마디를 던졌습니다. "만약 대학에 가더라도 취직하기 힘들 거라고 남편도 말하더군요. 그러니까 대학은 됐습니다" 하고요. 어이없어하는 선생님을 뒤로하고 엄마는 화학실 문을 닫고, 집으로 돌아가버렸습니다.

그날 밤 아빠가 "면담은 어떻게 됐어?" 하고 부엌에서 요리하고 있는 엄마에게 물으니, 엄마는 "그 선생님 말이지, 너무 꽉 막혀서 내 타입은 아니었어" 하고 대답했습니다. 아빠는 그런 걸 물어본 게 아닐 텐데 말이죠. 하지만 내가 섣불리 말을 붙이면 엄마가 화를 낼 것 같아서 잠자코 있었더니, 이번에는 아빠까지 "공부할 생각도 없는데 대학에 가봤자 돈 낭비지. 그러면 일을 해라. 대체 네가 잘하는 게 뭐냐? 하나 정도는 있을 것 아니냐" 이러십니다.

그때 나는 처음으로 내가 잘하는 게 하나도 없다는 것을 깨달았습니다. 피아노도 공부도 스포츠도 다 애매한 중간 정도. 뭐 하나 다른 사람보다 잘하는 것도 없는데 취업이라고 잘될 리 없습니다. 그래서 솔직하게 "잘하는 건 하나도 없지만 영어는 좋아" 하고 말했더니 "그러면 영어를 배우면 되겠군" 하고 말씀하셨습니다. 그래서 나는 이걸 계기로 고등학교 3학년 때 유학길에 올랐습니다.

유학 덕분에 다양한 사람과 만날 수 있었고, 세컨드 찬스를 부여하는 미국 교육 시스템 덕분에 최종적으로 대학교까지 갈 수 있었지만, 만일 그때 상상을 뛰어넘는 엄마의 반응과 아빠의 말씀이 없었다면, 분명 지금의 나는 없었겠지요.

딸들이 좋아해서 벌써 여러 번 본 영화 중에 〈마녀 배달부 키키〉란 애니메이션이 있습니다. 열세 살짜리 소녀 키키는 점술을 직업으로 하는 여자아이와 만나 "네가 잘하는 게 뭐냐?"라는 질문을 받습니다. 키키도 열일곱 살이었던 나와 마찬가지로 "잘하는 건 없지만, 하늘을 나는 건 좋아"라고 대답합니다. 그리고 키키는 혼자 독립해서 배달부 일을 하게 되지요. 생활을 위해 독립하려고 생각했다면 별로 주저할 '여유'는 없습니다. 무엇인가를 찾아 일단 시작하지 않으면 안 되니까요. 그 길을 탐구하기 시작하지 않으면 돈을 받을 수 없거든요.

아빠도 엄마도 '교육의 목적은 아이들의 자립'이라고 말씀하셨습니다. 외로워도 힘들어도, 결국은 자신의 발로 서서 문제를 해결하고 살아가는 수밖에 없으니까, 그런 힘을 길러주는 것이 가장 중요하다는 얘깁니다. 나나 키키가 그런 질문을 받았듯이 나도 내 딸들에게 그런 질문을 할 날이 올 거라고 생각합니다.

"너희들이 잘하는 건 뭐니? 찾아보렴. 그리고 우선 거기에서 시작해보렴" 하고. 의외로 눈 깜짝할 사이에 금방 그런 날이 올지도 모릅니다.

일이 너무 힘들어서 상사에게 상의했을 때

"넌 지금 전투기에 탄 거야. 그러니까 싸워"라는 말을 들었다.
이 세상에는 많은 여성들이 전투기에 타고 있다.
그 사실이 어떤 위로보다 더 따뜻하게 느껴진다.
싸우는 여성들, 파이팅!

유학

방울벌레와 귀뚜라미가 합창을 시작할 때마다, 나는 고독하고 쓸쓸했던 미국의 밤을 떠올립니다. 스스로 희망해서 고등학교 3학년 9월에 북캘리포니아로 유학을 떠났지만, 처음에는 후회의 연속이었습니다. "유학 가면 반드시 다정한 남자 친구를 만나서 재밌는 10개월을 보내야지" 하고 달콤한 환상을 갖고 있었지만, 홈스테이 집은 앞에서 말했듯이 유학생을 '유지비가 저렴한 메이드'로 인식하고 있는 노부부의 집이었습니다. 도착한 날부터 "내일부터 세면기랑 부엌은 이렇게 깨끗하게 해놓도록" 하는 말을 들었습니다. 수도꼭지에 물방울이 한 방울이라도 묻어 있으면 큰일 났습니다. 밥도 조금밖에 주지 않았습니다. '그 이상 먹을 필요가 없기' 때문이랍니다. 학교에 가 있는 동안은 그나마 견딜 수 있었지만, 집으로 돌아오는 길에 강아지를 보면 두고 온 애견 로라가 생각났고, 저녁 준비하는 냄새를 맡으면 배가 고파오면서 엄마가 냄비에 하나 가득 만들어두는 고기 감자조림이 생각났습니다. 그리고 혼자서 지내는 긴 밤이면 방울벌레와 귀뚜라미 소리를 들으면서 책상에 앉아 편지지를 펼치고, 똑똑 떨어지는 눈물을 닦으면서 매일 밤 가족에게 편지를 썼습니다. 꿈과 희망의 세계에서 갑자기 현실 세계로 쿵 떨어진 나는 항상 필사적으로 스스로에게 '내가 선택한 길이니까' 하고 다짐을 받아야 했습니다.

그렇게 3개월 정도 힘들게 현실과 싸웠더니 갑자기 체중이 확 줄었고, 결국 고등학교 클래스 메이트가 '이상하다'고 눈치를 채더군요. 폴라라는 여자아이였습니다. 그 아이는 "참기만 해서는 안 된다"고 말했습니다. "정해진 시간이니까 더 소중히 여겨야 한다. 그러니까 호스트 패밀리를 바꿔라" 하고요. 나는 그녀의 한마디에 눈이 번쩍 뜨였습니다. '맞아. 그냥 나에게 주어진 상황을 받아들이고 참기만 해서는 안 돼. 아니라고 생각되면 스스로 다시 고쳐야 하는 거야.' 지금 생각해도 참 희한한 일입니다. 고작 열여덟 살밖에 안 된 여자아이가 그렇게 커다란 결단을 스스로 내리고 행동할 수 있었다는 게 말입니다. 그리고 그 덕분에 미국을 떠난 지 20년도 더 지난 지금도 계속 교류를 하는, 훌륭한 호스트 패밀리를 만날 수 있었습니다.

"아이가 귀여울수록 여행을 하게 하라"라는 말은 어느 나라에서는 격언으로 쓰일 정도로 일반적인 인식인 듯합니다만, 나는 이것이 진실이라고 생각합니다. 어릴 때는 상처를 입어도 재생이 빠릅니다. 자신을 잃거나 실패를 해도 금방 다시 일어납니다. 하지만 그 같은 경험을 하기 위해서는 부모님의 깊은 이해가 필요합니다. 부모님은 자신의 손을 뻗어서 잡아주고 싶어도 그렇게 해서는 안 됩니다. 엄마는 내가 쓴 편지를 읽을 때마다 펑펑 눈물을 쏟으면서 "리카, 집으로 돌아오너라" 하고 전화를 하고 싶었다고 합니다. 만약 정말로 그렇게 하셨다면 나는 틀림없이 그길로 바로 비행기를 타고 돌아왔겠지요. 하지만 우리 부모님은 내가 자신의 힘으로 일어설 때까지 그냥 가만히 참고, 위로의 편지를 눌러써서 보내주셨을 뿐입니다.

동물들이 새끼로 하여금 홀로 서게 하듯이, 인간도 자신의 자식과 헤어져 산다는 것은 중요한 일입니다. 그렇게 하면 다시 함께 살게 됐을 때 이번에는 각자 어른 개개인으로서의 사귐이 새롭게 시작될 수 있습니다. 그래서 나에게 부모님은 지금은 최고의 친구입니다.

미역과 두부, 참기름 된장국

미국 유학 중 엄마가 보내준 나가타니엔 브랜드의 즉석 요리
'아사게 된장국'을 먹고는 눈물이 하염없이 흘러 멈추지 않았던 기억이 있다.
비록 인스턴트 된장국이긴 하지만 엄마가 후쿠오카의 슈퍼마켓에 가서
"리카가 분명히 이걸 먹고 싶을 거야" 하면서
선반에서 골라 상자에 차곡차곡 담은 후 우체국에 가서 부쳐준 것이니까.
그렇기 때문에 컵에 담겨 있는 것은 엄마의 걱정이고, 응원이고, 또 애정이다.
짭쪼름한 눈물과 짭쪼름한 된장국이,
함께 섞여 새로운 나를 태어나게 해준 것 같은 느낌이다.

재료(4인분)

멸치 국물 2컵, 좋아하는 된장 2큰술 정
도, 미역(불려서 잘라놓은 것) 1/2컵(혹은
건조 미역 2큰술), 비단두부(보통 두부도
상관없다) 1/2모(각둑썰기), 참기름 1큰
술, 좋아하는 양념(유자 껍질, 파, 깨, 파
드득나물, 양념 고춧가루 등)

만드는 법

냄비에 멸치 국물과 두부, 미역을 넣고,
끓으면 된장을 풀어 넣으면 완성. 두부는
너무 익으면 딱딱해지므로, 끓기 시작하
면 바로 된장을 풀어 넣는다. 그릇에 담
고 참기름을 뿌린다.

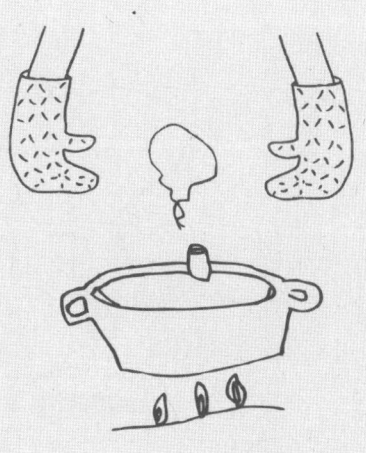

역시 일본 음식이야

호스트 패밀리의 아버지

오랜만에 미국의 호스트 패밀리 아버지, 존에게서 메일이 왔습니다. 처음 만난 건 열여덟 살 때. 그러니까 벌써 27년 전이네요. 하지만 그 이후로도 계속 가족처럼 연락을 하며 지내고 있습니다. 카린이 태어난 다음에는 아이들 이야기가 많아져서 어머니와도 자주 연락을 하고 있습니다만(호스트 패밀리의 어머니는 무려 남자아이 네 명을 키우면서 초등학교 선생님을 하셨던 초인超人입니다) 아버지에게 받은 메일은 언제나 활기가 넘칩니다.

아버지의 양친은 아일랜드 더블린에서 이주하신 분들로 감자조차 먹을 수 없었던 가난한 시절에 미국으로 건너오셨다고 합니다. 아버지는 결코 유복하다고는 할 수 없는 환경 속에서 대학에 진학해 엔지니어링을 공부했습니다. 처음에는 평범하게 회사에 다녔지만 '레이저로 나무를 조각하거나 종이를 조각할 수 있다'는 사실을 안 다음에는 로스앤젤레스 집 차고에서 실험과 실패를 반복하다가 30대에 '레이저 크래프트 컴퍼니'라는 회사를 설립했습니다. 그런 그의 옆에는 항상 어머니 이니트가 함께했는데, 그녀는 이탈리아계 이민자 출신으로 밝은 성격의 소유자입니다. 무슨 일이 있어도 아하하하, 하고 온 집 안이 떠나가라 큰 소리로 웃는 사람이지요. 아버지가 사업에 실패했을 때도 분명히 이렇게 크게 웃지 않았을까 생각될 정도입니다. 북캘리포니아로 회사를 옮긴 후에는 전국의 문방구에서 레이저 크래프트의 물건을 발견할 수 있을 정도로 회사가 크게 성장했습니다. 아메리칸 드림을 실현한 셈이지요.

내가 처음 이 집에 신세를 지게 됐을 때에는, 첫 호스트 패밀리와 궁합이 아주 안 좋아 굉장히 지쳐 있을 때였습니다. 우선 일 년간의 고등학교 유학이 끝나고 학교를 졸업한 다음 후쿠오카로 돌아가 취직해야겠다고 생각하고 있던 나에게, 그는 "리카, 어린 나이에 공부한다는 것은 굉장히 중요한 일이란다. 대학은 가는 게 좋아. 가보고 자신에게 맞지 않으면 그때 그만둬도 되지 않니? 일단은 가까운 전문대학이라도 가보는 게 어떠니? 집세는 필요 없고, 대신 일주일에 다섯 번 저녁 짓기,

어때?" 하고 말해주셨습니다. 그걸 계기로 나는 전문대학에 진학했습니다. 전문대학의 수업은 "이걸 외우세요" 하는 식의 과제를 주는 게 아니라 "왜 금리가 올라가면 사람들의 생활이 달라질까?", "왜 유럽은 제2차 세계대전을 막지 못했을까?", "왜 보노보 원숭이는 먹이를 서로 나누는 문화를 가지게 됐을까?" 등 생각하는 질문을 던지는 수업이었습니다. 미국의 대학 교육은 학생들에게 지식을 기억하게 하기 위한 것이 아니라, 생각하는 힘, 패턴을 몸에 익히게 하고, 또 그 생각을 다른 사람 앞에서 정리해서 전달하게 하는 것을 목적으로 한다는 점에서 훌륭하다고 할 수 있습니다. 공부란 게 이렇게 재밌구나, 더 열심히 해야겠다고 다짐하는 사이 어느새 일 년 반이 지나갔는데, 그때 존이 다시 이렇게 말했습니다. "리카, 기껏 여기까지 공부했으니 전문대학에서 4년제 대학으로 편입하는 게 어떠니? 시험을 보면 붙을지도 모르잖니. 일본의 아빠한테 얘기해보아라".

사실 3년 동안이나 유학을 시켜줬는데 더 이상 부모님에게 부담을 주는 건 죄송한 일이라는 생각이 들었지만, 나는 다시 한 번 마음을 고쳐먹고 편지를 보냈습니다. 그랬더니 일본에 있는 아빠도 "아빠도 미국 대학에 한번 다녀보고 싶었단다. 갈 수 있다면 가거라" 하고 흔쾌히 승낙해주셨지요.

존은 내가 "됐어. 이제 이 정도면 충분해" 하고 생각할 때마다, 위에서 로프를 내려주시면서 "조금만 더 이쪽으로 올라와보련? 여기 오면 전망이 더 좋단다" 하고 나를 인도해주는 존재였습니다. 나에 대한 그의

지원은 지금도 변함없습니다. 책을 출판했다는 이야기나 회사 이야기도 정말로 기쁘게 들어주시고 "리카는 우리 애들 중에서 자신이 하는 일에 가장 솔직해" 하며 기뻐해주셨습니다. '아이 네 명+나'에게 존은 언제나 응원단장이나 치어리더와 같은 존재입니다. 아이들의 꿈이 계속해서 바뀌어도 질책하는 일 없이 "좋았어. 그럼 그쪽으로 가보렴. 우리가 응원할 테니" 하면서 긍정적인 파워를 끊임없이 보내주시니까요. 언젠가 내 딸들이 꿈을 이야기한다면 이번에는 내가 발전기가 되어 화악, 바람을 보내줄 수 있으면 좋겠습니다. 좋은 전통은 계속 이어가야 하는 법이니까요.

치킨과 바지락 파에야

호스트 패밀리의 아버지는 내가 밥을 잘 못하던 유학 시절에
"너는 요리에 재능이 있다"고 말씀해주셨다.
이제는 맛있어진 파에야를 만들어드리고 싶다.

재료(4인분)

닭 다리살 1장(2cm 정도로 자른다), 바지락 1팩(소금물에 30분 정도 담가 해감을 뺀다), 꼬투리 강낭콩 10개(줄기를 제거하고 반으로 자른다), 양파 중 2/3개(다진 것), 마늘 2쪽(다진 것), 쌀 2컵(씻지 않은 것), 방울토마토 8개(반으로 자른다), 올리브 오일 6큰술, 맥주·물 1컵씩, 식용색소(황색) 스푼 끝으로 아주 약간, 소금 2/3작은술, 바질(드라이)·후춧가루 약간씩, 월계수 잎 1장, 조금, 파슬리 다진 것 적당량

만드는 법

1. 두꺼운 냄비(평평한 것. 스키야키 전골 팬 정도면 OK)를 중간 불로 가열하고 올리브 오일 2큰술을 뿌린 후, 닭고기와 꼬투리 강낭콩을 연한 갈색이 돌 때까지 볶는다.

2. 거기에 양파를 넣고 볶는다. 약간 색이 나기 시작하면 올리브 오일 4큰술을 마저 넣고 마늘과 쌀을 넣은 후 쌀이 투명해질 때까지 볶는다.

3. 바지락과 토마토 이외의 재료를 모두 다 넣어 휘젓고, 그 위에 바지락과 꼬투리 강낭콩을 꺼내 예쁘게 잘 보이도록 배열한 후 그 위에 방울토마토를 놓고 뚜껑을 덮는다. 끓을 때까지 센불을 유지하고, 끓기 시작하면 불을 점점 약하게 줄이면서 15분 동안 끓인다.

4. 불을 끄고 10~15분간 뚜껑과 냄비 사이에 키친타월을 1장 끼워 넣어 수분을 걷으며 뜸을 들인다. 부드러운 편이 좋다면 좀 더 뜸을 들인다.

5. 취향에 따라 후춧가루를 뿌리고 냄비째로 테이블에 내놓는다.

누군가 오는 날의 메뉴

와이너리포도주 양조장의 추억

내가 5년 정도 살았던 북캘리포니아에는 지금은 굉장히 유명해진 나파 밸리나 소노마 와이너리가 많습니다. 당시에는 한가할 때마다 차를 운전해 로버트 몬다비나 페라리 카라노, 스털링 빈야드 등 유명한 와이너리를 배회하곤 했습니다. 와인이 좋아서라기보다 와이너리의 풍경이 좋았기 때문입니다. 10월이 되면 포도 잎이 타오르는 붉은빛으로 물들고, 수확이 끝난 후에는 대단한 일을 달성했다는 성취감이 떠도는 포도밭의 풍경.

그런 아름다운 와이너리를 작은 혼다 시빅을 타고 빙글빙글 돌다 보니, 어느새 와인이라는 존재 자체도 좋아하게 되었습니다.

모두 똑같은 얼굴을 한 포도인데도 태양 빛을 받는 방법에 따라, 언덕에 부는 바람의 온도에 따라, 수확하는 날에 따라, 맛이 완전히 다른 와인이 완성됩니다. 어떻게 생각하면 마치 사람이 성장하는 환경을 이야기하는 것처럼 느껴집니다. 친구가 '윌리엄스 셀리엠'이라는 굉장히 유명한 와이너리 양조장 가문 사람과 결혼해서, 그 양조장에 작업하는 것을 보러 간 적이 있었습니다. 밭 사이를 걸어가면서 수확하기 전의 포도를 맛보고는 너무 달다고 여겨지면 그 이상 햇빛이 들지 않도록 포도 잎을 이동시키고 갓을 씌워주고, 신맛이 나면 햇빛이 잘 들도록 조치하는 작업이 매우 인상적이었습니다. 세심한 주의와 배려가 필요한 작업이었습니다.

흔히 와인은 사람과 같다는 말을 하는데, 그것은 와인을 기른 사람의 인격이 포도에 스며든다는 뜻입니다. 자동차도 와인도 요리도 다 마찬가지겠지만, 결국은 작업하는 사람의 인격이 그 상품의 가치를 좌우하는 법이니까요. 그 많은 것 중에서도 특히 와인은 향, 색, 맛 등 여러 가지 면에서 인격이 그대로 드러나기 쉬운 음료이기 때문에 그런 말이 나온 것 같습니다.

나는 맛있는 와인을 만나면 "당신의 이름이 뭐죠?", "어디에서 왔나요?", "어떤 종류의 포도인가요?", "당신은 이런 요리와 어울리는군요", "같은 종류의 포도인데도 프랑스와 이탈리아에서는 이렇게 향이 다르군요" 하면서 놀라거나, 깊은 관심을 보이거나 하면서 마음으로 대화를 하곤 합니다. 그러면 고작 한 잔의 와인일지라도, 그 와인을 훨씬 더 풍부하게 즐길 수 있게 된답니다.

덧붙여 말하자면 최근 감동한 것은 1300엔짜리 와인으로 베르나차 디 산지미냐노라는, 토스카나 지방의 화이트 와인입니다. 요즘엔 호주나 칠레의 저렴하고도 맛있는 와인에 손을 뻗고 있었는데, 이탈리아 화이트 와인은 훨씬 더 복잡다단한 향기를 내는군요. "역시 역사와 전통이 있는 이탈리아!"라며 감탄하고 말았답니다.

토막 생선과 새우 허브 구이

캘리포니아의 소비뇽 블랑, 이탈리아의 소아베, 피노 그리지오와 잘 어울린다.
톡 쏘는 화이트 와인과 생선. 아, 좋구나.

재료(4인분)

토막 생선 4개(새치, 고등어, 정어리, 꽁치, 방어, 연어 등 제철 생선으로 아무거나), 새우 4마리(세로로 썬 것. 생선회용 조개 관자도 괜찮다), 생선과 새우용 소금·후 춧가루 적당량(난프라가 들어가므로 자 반으로 할 때보다는 적게), 양파 작은 걸 로 1개(잘게 다져 랩으로 싸놓고, 전자레 인지에서 4분 가열해둔다), 다진 마늘 1/2 작은술(취향대로), 고추 1~2개(취향대로, 잘게 다진 것), 올리브 오일 2큰술, 난프라 1큰술, 빵가루 1/4컵, 파슬리 혹은 이탈리 언 파슬리 1/4컵 분량(다진 것), 건조 타임 (향신료, 병에 들어 있는 것도 상관없다) 약간, 레몬 1/2개(4등분해둔다)

만드는 법

1. 생선에 올리는 허브소스를 만든다. 가 열한 양파(가열하면 달콤해진다)와 마늘, 고추, 올리브 오일, 난프라, 빵가루, 파슬 리 혹은 이탈리언 파슬리, 건조 타임을 섞는다.

2. 생선과 새우에는 적어도 굽기 15분 전 에 소금과 후춧가루를 뿌려 냉장고에 넣 어둔다(비린내를 없애준다).

3. ①의 허브소스를 ②에 얹고, 220℃ 오 븐에서 13~15분 정도 굽는다. 토스터나 생선구이 그릴에서 구울 때에는 타지 않 도록 주의한다.

4. 레몬즙을 뿌린다.

---

*양파와 빵가루, 각종 허브를 섞어 볶는 것뿐이지만, 화이트 와인과 굉장히 잘 어 울리므로 손님에게 좋은 반응을 기대할 수 있습니다. 제철 생선으로 다양하게 시 험해보세요.

와인 파티를 합시다

해바라기

'해바라기' 하면, 8월 이탈리아 토스카나 지방 시에나에서 라스페치아로 가는 열차 안에서 본, 무리 지어 핀 아름다운 해바라기 밭 광경이 저절로 떠오릅니다.

이탈리아의 여름은 더울 때는 일본 이상입니다. 게다가 일본처럼 어디에 가든 에어컨이 있는 게 아닙니다. 오히려 항상 실외기 옆에 서 있는 듯한 상태랄까요. 당시 2등칸 열차에 탔던 나는, 타는 순간 후회했습니다. 어차피 일로 이탈리아에 간 건데 조금 더 써서 1등칸을 이용했으

면 좋았을걸. 그렇게 후회하면서 문득 창밖을 봤는데, 와우! 깜짝 놀랐습니다. 해바라기 밭이 끝없이 펼쳐져 있는 게 아니겠어요? 시각은 저녁 6시 30분 정도였던 것 같습니다. 수많은 해바라기가 일제히 해가 지는 쪽을 향하고 있습니다. 정말 감동적이었습니다. 해바라기 밭이 계속되는가 했더니, 그다음에는 포도 밭, 그리고 옥수수 밭. 그리고 또다시 그것들의 반복. 나는 객실 창문을 전부 활짝 열어젖히고 고개를 내놓은 채 토스카나의 석양과 바람에 몸을 맡겼습니다. 그러고는 바로 '1등칸에 타지 않길 잘했어. 에어컨이 나왔다면 창문을 열지 못하게 되어 있었을 테고, 조용한 객실 분위기랑 쇼크에 가까운 감동을 먹고 웃음을 멈추지 못하는 여자는 무척 안 어울렸을 거야' 하고 생각했지요.

대학 시절, 눈이 보이지 않는 인도인 친구가 있었습니다. 그는 언젠가 내게 "리카는 눈이 보이지 않는 사람은 오감 중 하나를 잃어버린 거라고 생각하지? 하지만 그건 틀린 생각이야. 우리는 손가락이나 손바닥으로 바람이나 계절이나 여러 가지 것들을 느끼거든. 오감 중 하나가 없어도 다른 감각이 제대로 자라는 법이야" 하고 말했습니다. 나는 열차 창문 너머로 해바라기 밭을 향해 몸을 내밀고는, 그가 한 말을 선명하게 떠올렸습니다. 그리고 눈을 감아보았습니다. 그의 말이 맞습니다. 느껴집니다. 알 것 같습니다. 이 신선하고도 온화한, 그러면서도 편안한 바람이 어떤 풍경을 만들어내고 있는지, 알 것 같은 느낌이 들었습니다. 바람을 타고 온 흙 내음이 풍부한 수확을 약속하고 있다는 것도, 알 것 같은 느낌이 듭니다.

피유욱~ 기적 소리와 함께 사라져가는 태양에 간절한 소망을 바치는 해바라기 속에서는, 왠지 시간이 천천히 흘러가는 것 같습니다. 언젠가 혼자가 아닌 누군가와 함께 마음 가는 대로 열차에 타고 싶습니다. 아, 맞습니다! 나중에 카린이랑 사쿠라가 대학생이 되면 다시 유레일 패스를 끊어 1개월 동안 유럽 여행을 하면 되겠네요. 2등칸 열차를 타고 배낭을 지고는 유스호스텔에 묵으면서요. 그리고 이번에는 열차에서 내려 차가운 프라스카티(로마산産인 풍미風味가 강한 백포도주-옮긴이)를 마시면서 오랜만에 보는 그리운 해바라기한테 인사를 해야겠습니다.

"차오! 해바라기야!"

마르게리타 피자

나는 이탈리아가 참 좋다. 만자레, 칸타레, 아모레. 먹고 노래하고 사랑하자.

이 말처럼 솔직하게 살아가는 사람들이 참 좋다. 얇게 펴서 구운 피자도 가볍고 맛있지만 약간 두껍게 구우면 씹는 맛이 일품이다. 기분은 금세 나폴리! 구워서 바로 먹어버리는 게 진리!

재료(피자 판 2장 분량, 4인분)

기본 피자 생지 - 강력분 1컵, 박력분 1½컵, 소금·이스트 1작은술씩, 물 180cc, 엑스트라 버진 올리브 오일·벌꿀 1작은술씩

만드는 법

1. 재료를 전부 볼에 넣고 잘 섞어 15분 정도 반죽한다. 푸드 프로세서가 있으면 3분간 섞으면 잘 섞인다(한 덩어리로 뭉칠 때까지).

2. 볼에 넣은 채 랩으로 싸서 30~40분 동안 재운 후 2등분한다. 피자 생지이므로 빵 생지처럼 부풀릴 필요는 없다.

기타 재료

피자용 엑스트라 버진 올리브 오일 2큰술, 모차렐라 치즈 2개(2개를 올리면 리치한 피자가 됨), 바질 잎 적당량(있으면)

소스 - 토마토 캔 1개, 소금 1/2작은술, 오레가노(향신료) 약간, 엑스트라 버진

올리브 오일 1큰술

만드는 법

1. 오븐은 250℃로 예열해둔다. 내열기에 캔 토마토, 소금, 엑스트라 버진 올리브 오일, 오레가노 약간(아이들용에는 넣지 않는 게 낫다)을 넣고, 전자레인지에서 10분 정도 랩을 씌우지 않고 가열한다.

2. 피자 생지를 늘인다. 판 위에 강력분을 4큰술 정도 깔고(분량 외), 생지의 반을 손으로 예쁘게 둥글린 다음 밀가루 위에 놓는다. 밀대나 빈 병 등에 밀가루를 듬뿍 묻힌 후, 생지를 오븐 판에 크게 늘여놓는다.

3. 토마토소스를 바른다. 1장에 1/2분량. 1장에 모차렐라 치즈 1개를 올리고, 엑스트라 버진 올리브 오일을 둘러, 오븐에서 10분 정도 구우면 완성. 마지막으로 바질 잎을 듬뿍 올린다.

여행에서 만난 이탤리언

금목서의 향기

어젯밤, 시원한 바람에 실려 금목서 꽃향기가 날아왔습니다. 머릿속 끝까지 전해지는 강렬한 향기입니다.

딸들에게 "향기 무척 좋지? 이건 금목서라는 꽃향기란다" 하고 말하니 "꽃 보고 싶어, 보고 싶어" 하길래, 둘 다 안아주기는 너무 무겁고 그 높은 나무까지 안아 올려줄 기력도 없어서, 작은 꽃을 하나 꺾어 향기를 맡게 해주었습니다.

내가 태어나서 처음으로 받은 꽃다발도 금목서였습니다. 중학교 2학년 때. 4월에 이사를 왔는데, 이지메를 당하기도 하고 6개월째인 10월이 되도록 적응을 잘 못해서 힘든 시절이었습니다. 그러던 어느 날 교과서를 안 가지고 가서, 옆자리 남자아이와 이야기란 걸 하게 되었습니다.

희한하게도 그때 읽은 교과서 내용이 지금도 생생하게 기억이 나는데, 히가시야마 가이이가 그린 '길'이란 그림에 대한 이야기였습니다. 언제나 변함없을 것 같은 잡초로 덮여 있는 길 풍경 하나에, 자연에 대한 깊은 자비심과 사물을 있는 그대로 받아들이는 마음, 그리고 새로운 내일에 대한 희망이 모두 표현되어 있었습니다. 당시 나는 이 이야기에 엄청나게 감동을 받았습니다. 히가시야마 씨가 전후의 고통 중에 이 그림을 그렸다는 사실이, 내게는 이지메를 당한 후의 재생이라는 작은 체험과 오버랩되면서, 길 끝에 희망이 있다는 것을 저절로 깨닫게 되었기 때문일지도 모르겠습니다.

안경을 끼고 피부가 새까만, 상냥했던 그 남자아이도 나와 똑같은 대목에서 감동을 받은 것 같았습니다. 그리고 교과서를 잊고 안 가져왔기 때문에 어쩔 수 없이 바짝 붙어 좁혀 앉은 그 자리에서 "난 금목서 꽃이 좋아" 하고 내가 한 말을 기억해주었습니다.

며칠 후 그 아이는 신문지로 둘둘 만 금목서 가지를 가지고 왔습니다. 제법 큰 가지였기 때문에 어디서 꺾어 왔을까, 눈을 휘둥그레 떴더니 "우리 집 마당에 있던 거야"라고 말했습니다. 작은 꽃 어디에서 그런 힘이 솟아나는 걸까요? 창문이 잔뜩 달린 교실에서 그 금목서는 하루 종일 강한 향기를 내뿜었습니다. 정말 기뻤지만, 한편으로는 창피하기도 했습니다. 아무튼 새콤달콤한 향기로 가득 찬 하루였답니다.

"유키마사!"

초가을 저녁노을이 질 무렵, 방과 후 농구 연습을 하고 있던 나에게, 자전거를 탄 남자아이 목소리가 들려왔습니다. 체육관 밖은 비탈길이었습니다. 나는 금방이라도 굴러떨어질 것 같은 아슬아슬한 스피드로 달리던 그 아이에게 손을 흔들어주었습니다. 그것이 내가 본 그 아이의 마지막 모습이었습니다.

그날 밤, 그 아이가 연못에 빠져 죽었다고, 선생님한테 이야기를 전해 들었습니다. 그렇게나 다정한 아이였는데 죽어버렸습니다. 두 번 다시 그 안경 너머의 다정한 눈을 볼 수 없었습니다. 그냥 사라져버렸습니다. 그때의 슬픔은 지금도 잊을 수가 없습니다. 마지막으로 인사를 하러 갔을 때 그 아이의 엄마는 아들의 찻잔을 던져 "쨍그랑" 높은 소리를 내며 깨뜨리고 있었습니다. 가슴속을 후벼 파는 듯 슬픈 소리. 지금도 그 소리가 마음속에서 울립니다. 열네 살 때의 일인데, 모든 게 아직도 너무나 선명합니다.

벌써 20년도 더 된 일인데, 나는 지금도 금목서가 향기를 내뿜을 때마다 그 남자아이가 생각납니다. 그 아이와 단둘이 살았던 엄마도 분명히 그러지 않을까 하는 생각에 이르니, 가슴 한편이 찌릿하게 저려옵니다.

"우리 엄마도 좋아하는 거야".

그 아이는 금목서를 나에게 주면서 이렇게 중얼거렸습니다. 그 나무는

지금도 살아 있을까요?

금목서의 향기도 좋지만

에르메스의 향수 '나일의 정원'도 좋다.

상쾌하면서도 어른스러운 향기.

스윽 하고 가슴 저 안쪽까지 퍼지는 향이다.

동물원의 추억

주말에 딸들을 데리고 동물원에 다녀왔습니다. 아직 어리기 때문에 별 감흥을 느끼지는 못하겠구나 생각했는데, 유리문 바로 앞쪽에 있는 고릴라 앞에서 "우~" 하고 소리를 지르거나 염소를 쓰다듬거나 하면서, 아이들도 의외로 즐거운 한때를 보내는 것 같았습니다. 오히려 더위와 무거운 짐 때문에 녹초가 된 쪽은 나였습니다. 너무 더워서 물에 잠겨 드는 하마가 되고 싶은 기분이었답니다.

동물원 하면 초등학생 때가 생각납니다.

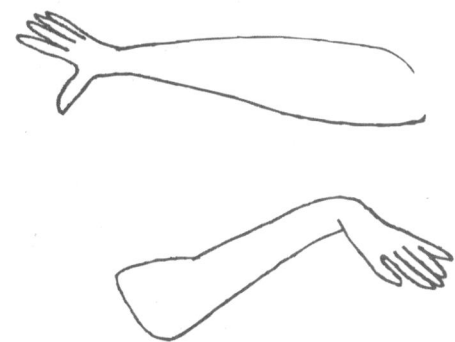

학교 근처에 후쿠오카 시 동물원이 있었고 초등학생은 무료였기 때문에, 방과 후에 자주 놀러 갔던 기억이 있습니다. 친한 친구와 게이트를 향해 걷고 있으면, 어디서부터 따라왔는지 동생의 모습이 보였습니다. "지하루, 너는 네 친구랑 놀아" 하고는 바로 도망치려 해도, 전봇대 뒤에 숨어가면서 필사적으로 쫓아왔습니다. 전학을 반복했던 우리는 새로운 친구를 사귀는 것 자체가 큰일이었습니다. 그래서 내성적이던 여동생은 친구를 사귀지 못하고 항상 언니인 나와 놀겠다고 쫓아다녔던 것입니다. 동물원 게이트를 통과해버리면 심술쟁이 동생도 어쩔 수 없이 같이 기린을 보거나 원숭이를 보거나 원숭이 전차를 타면서 놀았습니다.

어느 날인가는 침팬지한테 먹고 있던 솜사탕을 흔들며 "먹을래? 너도 솜사탕 먹을래?" 이러면서 놀렸더니, 침팬지가 우리 안에서 마시는 물을 촤악 뿌렸습니다. 상당히 많이 젖었기 때문에 선명하게 기억이 납니다. 그 후에도 몇 번 더 놀러 갔는데 침팬지 우리를 지나갈 때마다 침팬지가 우리한테 물을 끼얹었습니다. 그때마다 '이 침팬지는 어쩌면 이렇게 기억력이 좋을까' 하고 놀랐는데, 지금 생각해보면 아무한테나 다 이렇게 물을 끼얹어서 반응하는 인간을 관찰한 것일지도 모르겠습니다.

아이들을 위해 동물원에 왔는데, 계속 옛 추억을 떠올리는 하루가 되었네요.

동물원 하면 기억나는 게 하나 더 있는데, 그것은 교과서에 실려 있던 '불쌍한 코끼리'라는 이야기입니다. 태평양전쟁 중 도쿄에서 공습이 시작되고 동물들에게 충분한 먹이를 줄 수 없게 되면서, 공습으로 우리가 파괴되어 동물들이 마을로 도망치는 것을 예방하기 위해 어쩔 수 없이 동물들을 죽이는, 슬프고 불쌍하기 짝이 없는 사육사들의 이야기입니다. 코끼리 사육실 가까이에는 지금도 은밀한 곳에 위령비를 세우고, 그 위에 평화를 기원하는 동銅으로 된 부엉이를 두었다고 합니다.

언젠가 딸들이 이 이야기를 이해할 수 있는 나이가 되면 '불쌍한 코끼리'를 읽어주고는, 다시 한 번 우에노 동물원에 데려가야겠습니다. 그러고는 "코끼리의 눈이 그렇게 상냥한 이유는 몇 번이나 고통을 극복했기 때문이란다" 하고 이야기해줘야겠습니다. 도시락을 싸 가지고 느긋하게 동물원에 놀러 갈 수 있다니 그것만으로도 참 고마운 일이구나, 하고 생각하게 되는 여름날입니다.

동물원은 아이들이나 가는 곳이라고 생각하기 쉽지만

어른들에게도 재밌는 곳이다.
카페에서 파는 다코야키나 소프트아이스크림.
옛 추억을 떠올리게 하는 그리운 냄새와 맛.
어린 시절로 추억 여행을 떠날 수 있으니까.

양육과 일

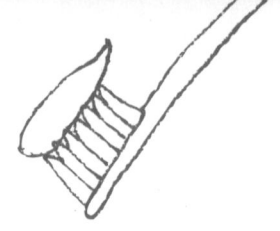

언젠가 호스트 패밀리의 어머니가 이런 말씀을 하셨습니다. "일을 하면서 아이를 키우려면 다른 사람의 도움을 받는 것이 중요하단다. 그러기 위해 돈이 들더라도 자신의 미래의 일을 지키는 것도 중요해. 일이란 곧 경력이거든. 경력은 계속되어야 하는 거야(어려운 난관을 극복하면서 일은 계속하는 게 좋단다)." 어머니 자신도 "나보다 리카가 요리도 더 잘하니까, 나 대신 요리 좀 해주겠니?" 하고 대학교 1학생인 나에게 일을 분담해주셨으니까요. 내가 요리를 하는 동안 어머니는 항상 초등학교

아이들의 숙제를 채점하셨습니다. 그리고 가끔은 아이들의 감상문을 읽고는 "아하하하!" 하고 크게 소리 내어 웃으셨죠. 그 웃음소리는 집 안 전체를 행복하게 만들었습니다.

꼭 내가 아니어도 되는 일, 그리고 나는 잘 못하는 일은 다른 사람에게 맡긴다, 그리고 일단 맡기면 불평을 하지 않는다(주의를 받은 적은 있지만, 밥이 맛이 없다는 말을 들은 적은 단 한 번도 없습니다). 이런 방법을 취하면 서로 기분 좋게 일할 수 있습니다. 맡긴 일에 대해 불평을 하지 않는 게 포인트! 너무 자잘한 것까지 간섭받는다 생각되면, 역시 인간이란 동물은 의욕을 잃게 되니까요.

바깥일을 하면서 아이를 키우는 것은 정말 힘듭니다. 얼마나 힘들었는지, 실은 두 아이가 아가였을 때의 기억은 제 머릿속에서 완전히 날아가버렸답니다(웃음). 하지만 어떻게든 일을 붙잡고 있으면, 아이들은 어느새 자라서 걸음마도 하고 혼자 양치질도 하고 숙제도 하고 옷도 개고 학교에 가서 친구랑 싸움도 하고 또 회복도 하더군요.

호스트 패밀리의 어머니는 나에게 "뭐든 해보면 된다"는 말씀을 여러 번 하셨습니다. 당시에는 이 말의 가치를 전혀 몰랐지만, 지금은 대단한 말이라고 생각합니다. 살면 살수록 어머니를 점점 더 존경하게 됩니다.

그렇습니다. 저도 힘내야지요.

그래서 내 딸들에게도 "노력해보렴" 하고 반복해서 말해주어야겠습니다.

소시지 파이

일하는 여성에게 착한 음식은, 냉동식품.

내가 좋아하는, 일본에서 손에 넣은 파이 시트는 뉴질랜드 벨라미스.

시트에 섞여 있는 버터의 풍미가 상당히 좋다.

약간만 손보면 굉장히 맛있다.

맥주 한 잔이랑 같이 먹으면 금상첨화!

재료(5개 분)

냉동 파이 시트 1장, 소시지 8개

만드는 법

1. 파이 시트는 약 2~3mm 두께로 늘여 1cm 폭으로 자른다.

2. 소시지 주위에 ①의 생지를 나선형으로 둘둘 말아 오븐 페이퍼를 간 오븐 쟁반 위에 놓는다.

3. 180℃로 예열한 오븐에서 10~15분간 구우면 완성!

*생지가 늘어나지 않도록 잘 말고, 다 만든 다음에는 손으로 마감합니다.

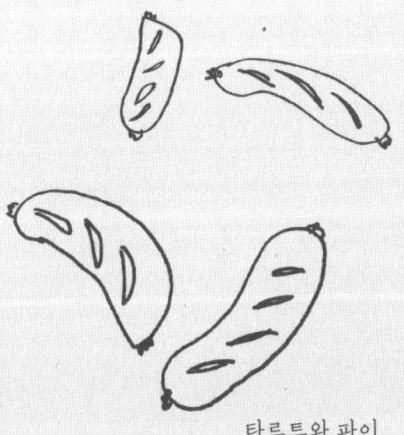

타르트와 파이

엄마, 힘내!

딸 카린이 아기였을 때 갑자기 발진이 난 적이 있었습니다. 아기들이 흔히 걸리는 병이지만 항상 건강했던 카린이 힘없이 칭얼대는 걸 보는 건 괴로운 일이었습니다.

이런 상황이 되면 부모는 갑자기 생각이 복잡해지면서 '내가 밖에서 일을 하니까 이런 일이 생긴 게 아닐까?', '자주 같이 공원에 가거나 놀아주지 못해서 화가 난 게 아닐까?' 하는 생각을 하게 됩니다. 육아와 일을 동시에 병행하는 여성은, 정도의 차이는 있지만 보통 죄책감이라는

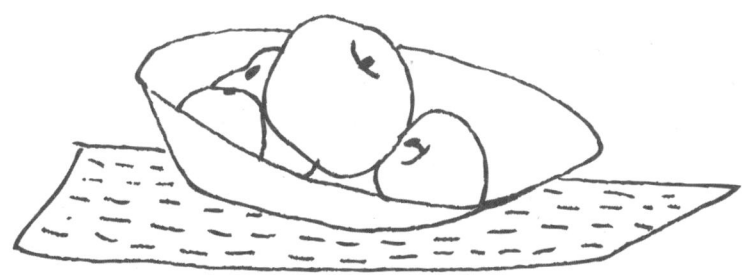

것을 가지게 됩니다. 평소에 항상 함께 지내지 못하는 것을 미안하게 생각하기 때문이죠. 그래서 일을 할 때도 항상 불안한 마음을 갖게 됩니다.

전에 스위스로 출장을 가는 비행기 속에서 초등학교 2학년생과 4학년생 아이를 둔 스튜어디스와 이야기할 기회가 있었습니다.

그분은 "아이들은 부모가 평생 열심히 즐겁게 살아주기만 하면, 그 뒷모습을 착실하게 보면서 쫓아오니까 걱정 안 해도 괜찮아요. 저도 함께 있는 시간은 적지만, 아이들은 다 건강하게 쑥쑥 크고 있답니다. 당신도 힘내세요" 하고 위로해주었습니다. 그녀의 말에 굉장히 많은 용기를 얻었습니다. 생각해보면 나와 여동생도 그랬던 것 같습니다. 항상 엄마의 뒷모습을 보면서 컸으니까요.

엄마는 다른 엄마들처럼 피아노 레슨이나 학원 수업에 따라오는 일도 없었고, 학교에 준비물을 안 가지고 가도 가져다주는 일도 없었습니다. 남들보다 배로 열심히 전자오르간을 배우고 등급 시험을 보고 합격해서 전자오르간 선생님으로서 열심히 살아가는 데 필사적이었기 때문입니다.

우리 자매는 그런 엄마를 항상 응원해주었습니다. 어깨가 아프다고 하면 몇 시간이고 안마를 해주었고(안마를 해주는 동안은 TV를 마음대로 볼 수 있는 특전이 있었습니다) 엄마가 "엄마, 일 그만둘까?" 하고 말할 때는 "그만두지 않아도 돼. 열심히 해" 하고 위로해주었습니다(그만두면 계속 같이 있을 수 있지만, 대신 자유롭게 놀 시간은 없어지니까요).

엄마는 다정했지만 엄한 선생님이어서 울음을 터뜨리는 아이도 종종 있었는데, 그럴 때는 반드시 스토브 위에 있던, 포일로 싼 따끈따끈한 군고구마를 주곤 했습니다. 맛있는 군고구마를 먹다 보면 눈물로 얼룩졌던 얼굴도 방긋방긋 화사해져서, 우리들까지 왠지 안심이 되었던 기억이 납니다.

엄마가 가르친 학생들 중에는 음악 선생님이 된 이도 있고, 결혼식 축가를 연주하거나 하는 이도 있답니다.

일을 하고 있으면 반드시 '그만두고 싶어지는 주기'가 찾아옵니다. 아이들에 대한 죄책감이 들 때. 또는 아이들을 핑계로 일에서 도망치고 싶을 때. 하지만 언젠가 아이들은 다 커서 우리의 손을 벗어납니다. 그러니까 긴 안목으로 보면 아이들이 엄마를 찾는 '지금 이 순간'이 그야말로 순간인 셈입니다. 따라서 이미 우리가 필요하지 않은 훨씬 더 긴 인생을 위해, 비행기에서 만난 스튜어디스처럼 계속 앞을 보고 달려가면 좋겠습니다. 만약 이런 일로 내가 약한 소리를 하면, 카린과 사쿠라가 "엄마, 힘내!" 하고 응원해주면 정말 기쁠 것 같네요.

일단은 계속해보자

그전에 그만두는 것은
아까울 것 같으니까.
해보면 될지도 모르니까.
처음부터 '양립'하는 게 아니라
우선은 한쪽 발부터
순서대로 디뎌본다는
마음가짐으로.

일이란 건 대체 뭘까?

최근에 '나에게 일이라는 건 뭘까?' 하는 생각을 자주 합니다.

지금까지 나는 '대체 나에게 맞는 일이 뭘까?' 하고 심각하게 고민하거나 생각하거나, 혹은 목표를 가지고 돌진해본 적이 그다지 없습니다.

아마도 아빠가 "어떤 일이라도 다 힘든 법이다. 그만두지 않고 계속하는 건 더 힘들다. 그러니까 계속할 수 있다면 그것만으로도 대단하다"고 항상 말씀하셨고, 엄마가 "액수는 얼마라도 상관없으니 스스로 벌어라. 자신의 돈으로 사고 싶은 책이나 옷을 사는 건 굉장히 행복한 일이란다" 하고 말했기 때문에, '일=좋아하는 것'이 아니라 '일=좋아하는 것을 하기 위한 수단'이라는, 현실적인 감각 속에서 컸기 때문일지도 모르겠습니다.

지금 생각해보면 부모님이 해주신 말씀은 참 좋은 조언이었다는 생각이 듭니다. 극히 드물게 유능하거나 운이 좋은 사람은 좋아하는 일을 직업으로 삼을 수 있을지 모르지만, 대부분의 사람들은 그만큼의 행운을 가지지 못하니까요(게다가 좋아하는 일을 직업으로 삼는 것도 실은 굉장히 힘든 일입니다. 저도 취미였던 요리가 '일'이 되는 순간, 마음속 리프레시 포인트가 사라져버렸는 걸요).

어떤 일을 하든 3년은 참고 해봐야 안다는 말이 있지만, 나는 굉장히 느린 타입이라서 무엇을 하려면 그 일에 익숙해지는 데만 족히 5년은

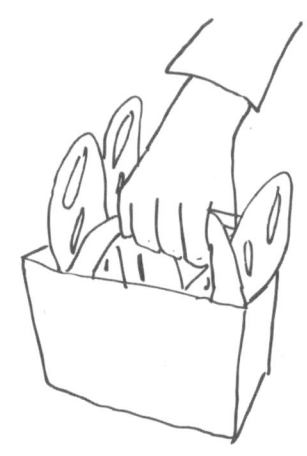

걸립니다. 영어도 상대방에게 전하고 싶은 말을 제대로 전달할 수 있게 되기까지 5년은 걸렸고, 일도 '이 일에도 재밌는 구석이 있구나' 하고 생각하게 되기까지 5년은 걸렸습니다.

하지만 5년 동안이나 같은 장소에서 같은 일을 반복하다 보면, 나름대로 주위에서 이해해주는 사람도 생기고, 나름대로 나에게 적합한 일을 발견할 수도 있고, 소중한 동료나 선배나 후배, 친구도 생기기 마련입니다.

직장의 인간관계가 내 마음처럼 잘 안 된다는 이유로, 혹은 내 능력이 모자라는 것 같다는 이유로 회사를 그만두려고 한 적도 여러 번 있습니다. 하지만 그럴 때마다 내 고민을 들어주는 사람도 있었고, 부서를 바꿔보는 건 어떠냐고 조언해주는 사람도 있었습니다.

좋은 일이 있으면 그렇지 않은 일도 있는 법입니다. 일도 마찬가지입니다. 사실 이런 식으로 처음부터 기대치를 낮게 책정해놓으면 무슨 일에 부딪쳐도 회사를 그만두지 않고 앞으로 나아갈 수 있을지도 모르겠습니다.

'파랑새'는 어딘가 먼 곳에 있는 것이 아니라, 내 마음속에 있는 것입니다. 어쩌면 그것은 상상만큼 아름다운 새가 아닐지도 모릅니다. 하지만 긴 시간 동안 함께하면 나름대로 좋은 점도 발견할 수 있을 겁니다. 너무 늙어서 한쪽 눈밖에 보이지 않는, 우리 집 잉꼬 피짱처럼 말이죠.

좋아했던 아르바이트

빵집에서 갓 구운 빵을 봉지에 넣는 일.
가시와모치(떡갈나무 잎으로 싼 팥소를 넣은 찰떡-옮긴이)의 이파리를 씻는 일.
청소 아르바이트.
김밥 마는 아르바이트.
확실하게 '끝났다'는 감感이 있는 일.

스트로베리 쇼트케이크

옛날에 쓴, 과자에 대한 책《맞아. 과자를 만들자!》를 보고 있는데 둘째 딸 사쿠라가 끼어드는 바람에, 결국 같이 '스토로베리 쇼트케이크'를 만들게 됐습니다.

수많은 케이크 시트를 실험해본 후, 즉 30개 정도를 만들어보고 나서야 겨우 만족했던 것이 바로 그 책에 게재된 배합입니다. 첫 번째 포인트는 차가운 달걀흰자와 그라뉴당을 섞어서 13분 정도 거품을 낼 것, 두 번째로는 밀가루와 재료는 제대로 섞어둘 것, 마지막으로는 그 뒤에

는 그것을 달걀흰자에 섞어서 150℃로 50분간 구울 것입니다. 좀 특별한 배합이기 때문에 '맛없으면 어쩌지?' 하고 걱정하는 분들도 많은 것 같은데, 화학 실험 못지않게 여러 가지를 조정해 내린 결론이니 믿으셔도 된답니다. 케이크나 과자를 만드는 것은 화학 실험과 똑같습니다. 조건을 하나 바꾸면 모든 상황이 바뀌거든요. 그 때문에 매번 두 개정도 만들어보고 마지막에 도달한 것이 시폰케이크와 스펀지케이크를 섞은 것 같은 배합이었습니다. 조직이 촘촘해서 제가 제일 좋아하는 오크라 스펀지케이크 같은 느낌이 난답니다(웃음).

나는 다른 사람들이 아무리 "그건 아니야. 반드시 실패할걸?" 하고 말해도 "정말 그럴까?" 하고, 그 길을 가보고는 "아아, 정말로 그렇구나" 하고 납득하는 것을 좋아합니다. 꼭 해봐야 깨닫다니 나도 참 머리가 나쁘구나, 스스로 쓴웃음을 지을 때도 있지만, 그래도 "이쪽은 막다른 길입니다"라는 말을 들었던 그 길에서 혹시라도 숨어 있던 멋진 샛길을 발견할 수도 있지 않을까, 하는 생각이 들기 때문에 어쩔 수 없습니다. 그래서 딸들에게도 "그건 무리야"라는 말은 되도록 하지 않으려고 노력합니다. 많은 도전과 실패를 경험해보고 반드시 'One and Only'의 길을 발견하길 바라면서 말이죠.

눈이 빨리 떠진 다음 날 아침, 조용히 일어나 커피를 끓이고는 커피랑 같이 남은 케이크를 몰래 다 먹어버렸습니다. 미안해. 카린, 사쿠라. 하지만 맛있는 건 몰래 먹으면 훨씬 더 맛있는걸.

딸기 쇼트케이크

여러 번 만들어보고 여러 번 실패해보고 겨우 어엿한 방정식을 꾸릴 수 있었다는 느낌.
조건 하나를 바꾸면 모든 것이 바뀐다는 화학의 불가사의함을
이 케이크 레시피를 만들면서 배웠다.

준비
틀에 버터를 바르고, 박력분을 뿌려둔다.
(둘 다 분량 외)

재료(지름 20~21cm 원형 1개분)
시폰풍 스펀지 생지 - 박력분 3/4컵, 베이킹파우더 1/2큰술(박력분과 베이킹파우더는 같이 체로 쳐둔다), 달걀흰자 4개 분량, 그라뉴당(시럽을 만드는 설탕) 1/2큰술, 달걀노른자 3개 분량, 식용유 3큰술, 우유 5큰술

시럽 - 물 1/4컵, 그라뉴당 1큰술, 바닐라 에센스 약간

장식용 - 생크림 1팩(200ml. 듬뿍 올리는 게 좋은 사람은 1/2컵 추가), 그라뉴당 1큰술, 딸기 1팩, 슈거 파우더 약간, 민트잎 적당량

만드는 법
1. 오븐을 150℃로 예열해둔다.
2. 시폰풍 스펀지 생지를 만든다. 달걀노른자와 흰자를 분리해 커다란 볼에 흰자를 모아놓고 냉장고에 볼째 넣어 차갑게 만들어놓는다(이 지점이 포인트!).
3. 중간 볼에 달걀노른자를 넣고 거품기로 저어준다.
4. ❸의 달걀노른자에 식용유를 추가해서 섞은 후 우유를 넣고 다시 섞는다.
5. ❹에 체로 친 박력분과 베이킹파우더를 넣고 잘 섞는다.
6. 달걀흰자를 거품 낸다. 그라뉴당 중 1/4 정도의 양은 거품을 내기 전에 넣어둔다. 핸드 믹서 타이머를 13분으로 세팅. 나머지 그라뉴당을 3회에 나누어 넣으면서 천천히 거품을 낸다. 13분 정도 되면 갑자기 깜짝 놀랄 정도로 뻑뻑해진다. 이 놀라울 정도로 뻑뻑한 거품이 바로 폭신폭신한 스펀지케이크의 포인트!

7. ④의 볼에 ⑥의 달걀흰자를 1/3 정도 넣고 거품기로 잘 섞는다. 그 후 다시 1/3 을 넣고, 가볍게 섞는다.

8. 이번에는 고무 주걱으로 ⑥의 달걀흰 자에 ⑦의 내용물을 넣고, 바닥에서 내용 물을 뜨듯 가볍게 섞는다(이렇게 하면 박 력분이 균일하게 잘 섞인다).

9. 생지를 케이크 틀에 넣고, 고무 주걱 으로 표면을 균일하게 다듬은 후 통통 통 10번 정도 바닥을 싱크대에 부딪쳐 공 기를 뺀 다음, 150℃로 예열해둔 오븐에 서 50~55분간 굽는다. 다 구워지면 식힌 다음에(식히는 동안 틀을 거꾸로 뒤집어 두면, 생지가 움푹 꺼질 확률이 적어진다) 틀에 나이프를 집어넣고 틀에서 떼어낸 다. 빼낸 틀 혹은 랩 필름을 위에서 뒤집 어씌워서 마르지 않도록 보습해둔다.

10. 시럽을 만든다. 분량의 물과 그라뉴 당을 내열 용기에 넣고 전자레인지로 가열 한다. 물론 냄비로 해도 된다.

11. 스펀지케이크가 식으면 부풀어 오른 부분을 잘라내고 옆으로 반을 잘라, 전체 에 시럽을 바르는데, 전부 바를 필요는 없 다. 표면이 촉촉해지는 느낌이면 된다.

데커레이션

1. 딸기의 꼭지를 떼어내고, 세로로 3등 분한다. 딸기가 달지 않다면 설탕(분량 외)를 묻혀서 잠깐 둔다.

2. 냉장고에서 식혀둔 생크림을 볼에 넣고 그라뉴당을 추가해, 폭신폭신하게 7분 정도 거품을 낸다(거품을 너무 많이 내면 뻑뻑해져서 폭신폭신한 느낌이 없어지므 로 주의!).

3. 하단의 스펀지케이크 표면 전체에 생크 림을 바르고 딸기를 적당히 올린 후, 상 단의 스펀지케이크에도 생크림을 바르고, 상하를 겹쳐놓고, 생크림을 발라 마무리 한 후, 남은 딸기를 위에 얹는다. 테이블 로 옮길 때 전체적으로 슈거 파우더를 뿌 리고, 민트 잎으로 장식한다.

맞아. 과자를 만들자!

수많은 추억들

도쿄의 회사에서 근무하게 된 건, 생각해보면 참 불가사의한 인연이었습니다. 미국 대학을 졸업하고 귀국한 직후, 경험 삼아 도쿄에서 일단 취업 활동을 해봐야겠디는 생각으로, 후쿠오카의 아빠에게 "아빠, 어디 좋은 회사 없을까?" 하고 전화를 걸었을 때, 아빠가 마침 〈월간 현대〉인지 뭔지를 읽고 계시다가 어쩌다 펼친 페이지를 보면서 말씀하셨습니다.

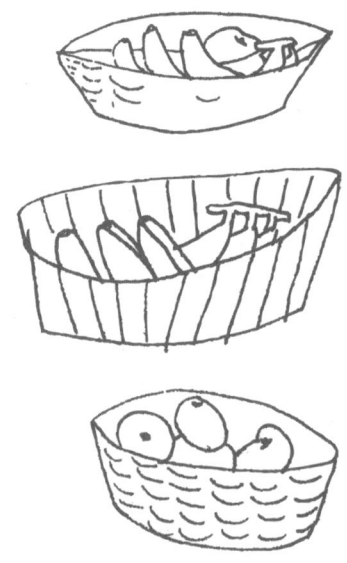

"아, 여기에 전기의 전電에 통한다의 통通 자를 써서, 덴쓰電通라는 곳이 괜찮다고 쓰여 있는데?"

이리하여 나는 곧바로 114에 전화를 걸어 '전기로 통한다'는 뜻의 회사의 전화번호를 물어봤고, 그 회사를 방문하게 되었습니다.

어떤 회사인지도 모르고, 계속 다녀야겠다는 계획도 없이, 무언가의 연緣으로 취직한 회사. "뭔가를 쓰는 것도 생각하는 것도 싫습니다. 한자도 사자성어도 다 잊어버렸습니다" 하고 솔직하게 말했더니, "희한한 녀석이네, 아하하하!" 하면서, 놀랍게도 크리에이티브국으로 배속시켜주더군요.

입사한 후에는 나보다 몇십 배나 더 개성이 넘치는 상사들을 만났습니다. 당시 긴자에 있던 '로지에'라는 고급 바에서 "왜 너는 언어를 중요하게 생각하지 않나!" 하면서 온 가게가 쩌렁쩌렁 울릴 정도로 큰소리로 끊임없이 호통을 치는 사람이 있는가 하면, 만원 지하철 속에서 "자네, 정말 이렇게밖에 못해?" 이러면서 기획 콘티를 탁탁 내리치며 부르르 떠는 사람도 있었습니다. 그때 내 직속 선배가 맞은편 자리에서 자는 척을 하던 광경은 지금도 잊을 수가 없습니다(그때 내가 선배의 입장이었다면, 나도 틀림없이 똑같은 행동을 취했을 겁니다). 생각해보니, 그때까지 진심으로 나에게 화를 내준 사람은 엄마 정도밖에 없었습니다. 엄마도 나를 강하게 만들어줬지만, 그때 나에게 화를 낸 상사들도 나를 강하게 만들어주었습니다.

동남아시아 쪽 일이 많아져서, 동남아와 일본을 왔다 갔다 하는 날들이 계속된 적이 있었습니다. 혼자 출장 가는 일도 있고 거기서 다시 다른 외국으로 가기도 했습니다. 기쁨과 쓸쓸함을 모두 맛볼 수 있었던 그때의 경험으로, 나는 그때까지만 해도 유럽으로만 가던 내 눈길을 나 자신이 사는 아시아로 돌릴 수 있었습니다. 이 삶들과는 역시 어딘가 통하는 것이 있구나, 하고 느꼈던 거죠. 굉장히 커다란 발견이었습니다.

신기한 건, 굉장히 힘들었던 일들도 전부 다 괄호 안에 넣고 덧셈 뺄셈을 하면, 결국에는 플러스 추억밖에 남지 않는다는 사실입니다. 그리고 그런 식으로 완성된 플러스 추억과 그 추억을 만들어준 사람들의 진짜 가치는, 헤어지고 나서야 비로소 깨닫게 되는 듯합니다.

회사에 관련된 추억은 끝이 없습니다.

아침까지 다 같이 술을 마시고 쓰키지 어시장에 초밥을 먹으러 갔던 일. 같은 목표를 향해 달릴 때 그 에너지가 하나로 합쳐졌던 일. 이기는 것만을 목표로 삼았던 경선에 저서 힘이 쭉 빠진 뒤에 마신 맥주가 위장에 속속들이 스며들었던 일. 더운 여름밤, 뜨거운 커피 메이커 앞에서 맨발로 서서 서로를 보면서 웃었던 일. 혼날 때 나를 변호해준 선배의 말 한마디에 눈에서 수도꼭지처럼 눈물이 넘쳐났던 일. 후배한테 소리치는 상사한테 배가 고픈 게 아닐까 싶어 센베이를 내밀었다가, 후배가 더 혼났던 일. 한밤중에 누군가의 책상에서 들려오는 마일즈 데이비스 음악에 감동받았던 일. 할아버지가 돌아가셨을 때 조문 와준 사람들. 선배한테 결혼한다고 보고하러 갔다가 "이혼하면 얼마나 힘든 줄 알아? 결혼 같은 거 집어치워" 하는 말을 들었던 일. 상사가 꽃구경할 곳을 알려준 일. 당구가 얼마나 아름다운지 가르쳐준 사람. 누군가가 만들고 있는 작품에 소름이 돋았던 순간. 딱 30초짜리 작품을 보고 배꼽잡고 웃었던 일. 누가 뭐라고 해도 포기하지 않고 몇 번이고 도전하는 사람들의 모습에 감동받았던 것. 일이 아니었다면 평생 가지 않았을 장소에 갔던 것. 일이 아니었다면 평생 만날 수 없었던 사람을 만났던 것. 일본은 참 축복받은 곳이라고 진심으로 느꼈던 것. 일에 실패했을 때 다정한 사람과 만났던 것. "틀렸다는 걸 알면 됐어" 하는 말을 들었던 것. 월드컵 관련 일로 베컴을 만났을 때 몸에서 빛이 난다는 게 어떤 건지 알게 되었던 것. 힘든 일일수록 기억에 잘 남는다는 사실을 알게 된 것. 처음에는 잘 맞지 않는다고 생각했던 사람도 오래 사귀면 좋은 점이 보인다는 사실을 깨닫게 된 것. 일에서 자기 스타일이 확고한 사람은 예의를 차리는 방법에도 자신만의 스타일이 있다는 것.

그리고 항상 "응원하고 있어" 하고 말해주는 동기와 만날 수 있었던 것. 선배도 그렇고 동기도 그렇고 훌륭한 사람이 잔뜩 있지만, 후배 중에도 매력적이고 멋진 사람이 굉장히 많이 있었던 것. 몇 명이 휙 하고 거짓말처럼 이 세상에서 사라져버린 것. 하지만 내 마음 저 안쪽에는 계속해서 살아 있다는 것. 가끔씩 그 사람들과 이야기를 한다는 것. 월급 쓰는 방법 중 가장 좋았던 건, 어떤 물건을 사는 것보다도 누군가와 마시는 술이었다는 사실. 디자인, 음악, 술, 식사, 삶의 방식,

이런 모든 것들을 가르쳐준 사람이 많이 있었던 것. 그때 그 한순간이 없었다면 지금의 나는 없었으리라는 것.

새로운 세상에는 가져가야 할 물건이란 하나도 없습니다. 하지만 마음의 서랍 속에 간직해둔 많은 추억과 누군가가 가르쳐준 소중한 것들만은 잊지 않고 가져가려고 생각합니다. So… What's Next?

나를 응원해주는 사람이 있다

그렇게 생각하는 것만으로도
마음이 따뜻해진다.
그런 사람이 있으니까
내일은 더 잘해봐야지, 하는 마음이 생긴다.
나를 지탱해주는 사람들에게, 감사.
그리고 나도 그렇게 해주고 싶다.

로켓의 토대

어제 딸내미들의 유치원에서 운동회를 열었습니다. "와, 정말 재밌다.
엄마가 사진 많이 찍어줄게" 하면서 카메라 뷰파인더를 들여다보는
데, 웬걸 갑자기 눈앞이 뿌예졌습니다. 내 아이들을 볼 때도 그렇지만,
열심히 달리는 아이랑 또 좀처럼 잘 달리지 못하는 아이를 꼭 껴안고
달리는 선생님, 이미 다른 곳으로 전근을 가셨는데도 예전에 가르치
던 아이들을 보러 와준 눈길 따뜻한 선생님들을 보고 있자니, 저절로
눈물이 나오는 겁니다.

내 딸들은 정말로 좋은 친구들과 선생님에게 둘러싸여 행복하겠구나, 하는 생각이 들었거든요. 앞으로의 인생, 훨씬 더 많은 다양한 만남이 있겠지만, 지금 이 시기, 이런 사람들에게 둘러싸여 성장할 수 있다는 것은 더할 나위 없이 멋진 일입니다.

"네 살 때까지는 힘내야 해. 왜냐하면 네 살까지는 로켓의 토대를 만드는 것과 같은 거거든. 그때까지만 힘내면 로켓은 슝 하고 성공적으로 날아갈 수 있을 거야" 하고 가르쳐준 상사가 있었습니다. 그는 정작 아이들의 기억에서는 사라져버리는 돌 전부터 다섯 살까지의 5년간이 사실은 아이들에게 가장 중요하다고 말했습니다.

그렇습니다. 아이들은 그렇게 많은 곳에 데리고 다녀도, 그렇게 많이 안아줘도, 그렇게 많은 것을 만들어줘도, 그렇게나 많은 것을 가르쳐줘도, 네 살 때까지의 일은 거의 기억하지 못합니다. 하지만 희한하게도 그 기억나지 않는 시기에 사람으로서의 토대가 형성된다고, 그는 말했습니다.

그러고 보니 비슷한 의미로 '세 살 버릇 여든 간다'는 속담도 있습니다만, '로켓의 토대'라는 단어를 쓰면 바로 눈앞에 이미지가 그려집니다. 주위에 있는 어른들이 만드는 토대는 5단입니다. 가장 밑단은 돌 전에 만들고, 다음은 한 살 때, 그다음을 두 살 때… 그런 식으로 네 살 때는 가장 윗단을 만들어줍니다.

그러고 나면 이번에는 쏘아 올릴 준비를 하는 시기로 들어갑니다. 이제부터는 '이지메'라는 바람이 불지도 모르고, '어려운 공부'라는 비가 내릴지도 모릅니다. 하지만 그때마다 토대에 있는 어른들은, 조금 떨어져서 지켜보는 것이 중요합니다.

아이들이라는 로켓의 토대를 평생 동안 열심히 만드는 것은 비단 부모만이 아닙니다. 우연히 어떤 인연으로 만나게 된 선생님일 수도 있습니다. 선생님들은 옆에서 토대를 만드는 부모님을 지켜보고 있는 아이들이 쓸쓸해 보인다면 때때로 '꼬옥' 그리고 '따뜻하게' 안아주기도 하고, 싸움을 시작하는 아이들을 따끔하게 야단치기도 합니다. 그런 식으로 우리 부모도 보지 못하는 지점에서, 뚝딱뚝딱 아이들 하나하나에게 맞는 또 다른 토대를 만들어주고 있는 것입니다.

언젠가 딸들이 어른이 되면 네 살 때까지 경험한 일들은 기억에서 사라지겠지만, 나는 앨범 속에 '로켓의 토대를 만들어준 어른들' 사진을 넣어놓고 보여주려고 합니다.

그리고 "이 선생님은 사쿠라를 정말로 귀여워해주셨단다", "이 선생님은 카린의 그림이 정말 좋다고 말씀해주셨단다" 하고 한 사람 한 사람을 손가락으로 가리키며 사진을 보면서 많은 이야기를 해줄 것입니다. 로켓 발사대 뒤에 그렇게나 많은 사람들의 이름이 새겨져 있는 것을 알게 된다면, 딸들도 '좋았어. 더 열심히 날아야지!' 하고 생각할 게 틀림없습니다.

첫째 딸 카린은 머지않아 로켓 발사대에서 발사를 합니다. 3, 2, 1, 0, 발사!

'똑바로 날아가는 거야!'

우리 어른들이 로켓이 눈에 보이지 않을 때까지 계속해서 응원해줄
테니까.

〈아폴로 13〉

참 좋아하는 영화.
달랑 세 명의 우주 비행사를 무사 귀환시키기 위해
수많은 사람들이 협동하는 모습.
애드 해리스의 명연기는 잊을 수 없을 것 같다.
부모나 선생은, 비행사들을 우주에 보내는 관제탑일지도.

영어

나는 열여덟 살까지 규슈에서만 살았습니다. 그때까지 말을 해본 외국인은(그래 봤자 잠깐 말을 걸어본 것뿐이지만) 모르몬교 교회 전도사 오빠두 명과 고등학교 2학년 때 인디애나에서 일본으로 유학 온 여자아이, 도합 세 명뿐이었습니다. 비행기도 도쿄에 갈 때 몇 번 타본 게 다였습니다. 영어를 잘하기 위한 여러 가지 방정식이 있다고들 하지만 나에게는 단 하나뿐. 그 방법은 귀로 들은 것을 흉내 내서 틀리더라도 소리 내어 사용해보는 것이었습니다.

스펠링 같은 것은 신경 쓰지 않았습니다. 영화를 봐도 '뭐야 이 소리는?' 하는 생각이 들면 일본어판으로 보고 나서 '아! 그런 의미였구나' 하고 기억했습니다. 생각해보면 이 방법은 어린아이들이 단어를 기억하는 방식과 완전히 똑같은 것 같네요(전혀 성장하지 않았다는 의미일까요?).

아이들은 문법이라든가 스펠링을 처음부터 기억하지는 못합니다. 우선은 소리로 기억합니다. 그래서 다섯 살짜리 둘째 딸은 가끔 재밌는 말을 합니다. 옷이 "좀처럼 작아"라고 말하거나 밥이 "장대하게 맛있다"고 말하기도 합니다. 가끔 뉴스 같은 데서 '장대한 계획' 같은 말을 하는 걸 보고 '아주 맛있다'는 표현을 그렇게 한 것 같습니다. 나는 그럴 때마다 잘 모르는 상황에도 '이 단어를 사용해봐야지' 하고 생각하는 것 자체가 참 대단하다고 감탄하곤 합니다.

언젠가 사쿠라가 나에게 "굴러먹은 엄마! 아이스크림 줘" 하고 말한 적이 있습니다. 그래서 "그런 말을 하면 못써. 굴러먹었다는 말은 좋은 말이 아니야" 하고 가르쳐주어야 했지요. 그때 〈짱구는 못 말려〉에서 '굴러먹은 여자'라는 대사가 나오는 장면에서 짱구 엄마인 미사에가 등장했기 때문인 것 같습니다. 아무튼 엄청나게 실수하고 틀리면서 다른 사람에게 정정을 받고 다시 잘해보는 수밖에, 다른 방법이 없는 것이 언어인 것 같습니다. 발음도 마찬가지입니다. 어니언이 아니라 아니얀, 올리브 오일이 아니라 아리브아이오. 이런 식으로 사쿠라처럼 잘 듣고 주위를 관찰하면서 '지금이다! 지금 사용해보는 거야!' 하는 식으로 순간에 사용할 기회를 잡는 것이 중요하기도 합니다.

이해하기 어려운 것은 입 밖으로 소리를 내어 읽습니다. 이것은 레시 피의 경우에도 마찬가지입니다. 말이 나왔으니 고백하는데 사실 나는 밑도 끝도 없이 소리 내어 읽는 버릇 때문에 주위 사람들을 무던히도 시끄럽게 했답니다.

와플

호스트 패밀리를 방문하면 지금도 어머니가
카린과 사쿠라에게 주려고 만드시는 메뉴다.
그래서 아이들도 아메리칸 와플과 만나고,
주말의 작은 사치를 배워간다.

재료(8개분)
생지 - 밀가루 1½컵, 달걀 2개(달걀흰자
만 가볍게 거품을 내도 좋다), 설탕 2큰술,
베이킹파우더 1큰술, 우유 1컵, 버터 녹인
것(혹은 식용유) 1큰술, 소금 1/3작은술,
바닐라 에센스 약간

토핑 - 메이플 시럽·딸기(슬라이스한다),
생크림(휘핑한다)·민트 잎 적당량

만드는 법
1. 볼에 생지 재료를 모두 넣고 잘 젓는다
(달걀흰자를 가볍게 거품을 내면 더 바삭
해진다. 그렇게 했을 때는 달걀흰자를 나
중에 넣는다).
2. 와플 메이커를 강한 불에 올리고 불에
서 떨어져 젖은 행주를 올려 열기를 식히
고 온도를 균일하게 만든다.
3. ②를 다시 약한 불에 올리고 ①의 생

지를 넣어 뚜껑을 덮고 2분 동안 굽는다.
4. 뒤집은 뒤 중간 불로 10초, 그런 다음
약불로 2분 20초 정도 굽는다.
5. 그릇에 담아 좋아하는 토핑을 올려 먹
는다.

*생지의 배합은 시행착오 끝에 만들어낸
야심작! 섞어서 굽는 것만으로 바삭바삭
한 와플이 완성된답니다.

유키마사 리카의 아침밥 메뉴

스탠바이

사람들은 자주, 아이를 돌보면서 일을 하는 게 힘들지 않느냐고 묻습니다. 물론 힘듭니다(웃음). 갑자기 열이 나거나 유치원에서 "아이 몸 상태가 안 좋으니까 빨리 데리러 오세요" 하는 연락을 받을 때가 힘듭니다. 제대로 대응하기가 어렵기 때문입니다. 그래서 나는 트리플 스탠바이, 콰트로(4라는 의미입니다) 스탠바이를 하고 있습니다. 말하자면 긴급할 때 신세질 수 있는 친구나 전문가를, 처음부터 3중 혹은 4중으로 준비해두는 것입니다.

일을 하면서 확실하게 배운 것 중 하나는, 세상은 내 생각대로 돌아가지 않는다는 사실입니다. 광고 촬영을 할 때도 그 전날까지는 창창하게 개었던 푸른 하늘이 갑자기 다음 날에 눈보라로 뒤덮이는 일이 있습니다. 캐나다에서 일할 때에는 15년 만이라는 대설을 만나 촬영하기로 했던 차가 얼어붙어 움직이지 않은 적도 있었습니다. 그럴 때 패닉 상태에 빠지는 사람도 있기도 하지만, 대부분의 경우 위기가 크면 클수록 사람들은 오히려 더 냉철해집니다. 특히 남자는 더 냉철해져서 (광고 분야에서는 해외에서도 촬영 현장에는 역시 남성이 더 많답니다). 세컨드 초이스, 서드 초이스와 다음 선택을 생각하기 시작합니다. '앞으로 이틀 동안 날씨가 좋아질 때까지 기다릴 때 드는 비용'이나 '다소 기획이 바뀌더라도 촬영 현장을 바꿀 때 생길 수 있는 일' 등 다양한 면을 시뮬레이션하는 거죠. 그리고 이런 식으로 모두 함께 협력하고 고민하면서 완성한 일은, 결국 더 잘될 가능성이 높습니다.

임신한 순간에 아이가 유치원에 다닐 일을 생각하거나(아이들이 태어난 다음에 준비해야겠다고 생각하면, 그때는 밖으로 한 발자국도 나가지 못하는 날들이 계속될 수도 있습니다) 유치원에 넣지 못할 때를 위해 차선책을 준비하거나, 병에 걸리기 전에 아픈 아이를 돌보는 병원을 견학하러 다니거나, 그런 것들을 차근차근 준비해가다 보면 머릿속에서 '이런 일이 발생하면 이렇게 해야지' 하는 이미지가 생깁니다. 병이 난 다음에 대응하려고 생각하면, 막상 일이 발생했을 때 패닉 상태에 빠지기 쉽습니다. 다소 돈을 낭비하더라도 사전 준비를 위해 돈을 들이고, 키즈 케어 전문가가 있는 곳에 입회 수속이나 면담만이라도 미리 받아두는 것이 좋습니다. 급하게 전화 한 통으로 달려와주는 곳은 좀처럼 많지 않으니까요.

실은 요리도 이와 비슷합니다. 완성된 것을 상상하며 시간을 역산해서 만들어갑니다. 가장 시간이 많이 걸리는 것은 맨 처음에. 바로 완성된 것이 맛있는 요리는 바로 직전에. 잠깐 눈을 감고 '이렇게 하면 이렇게 되겠군' 하는 이미지를 만들고 나서 작업에 들어가면, 단계별로 요리하는 데 도움이 된답니다.

최악의 사태를 상상해서 사전 준비를 해두는 일은, 아이들이 다 클 때까지 굉장히 중요한 일이라고 생각합니다. 실은 이것이야말로 마지막의 마지막에 결국 '나'라는 존재가 비록 없어져버리더라도, 아이들 스스로 강하고 즐겁게 살아갈 수 있도록, 늠름하고 씩씩한 인간으로 키우기 위한 최선의 노력이기 때문입니다.

바쁘면 슈퍼에 갈 수 없을 때도 있다

그럴 때는 냉동실에 남아 있는 다진 고기를 꺼내어
늘 준비해두는 양파와 함께 다진 고기 오믈렛을 만든다.
가격도 싸고, 요리 방법도 어렵지 않은데
굉장히 맛있다. 안심이 되는 맛이랄까.
내가 안심을 하면 모두가 안심하기 때문에,
집에는 안심할 수 있는 시간이 흐르게 된다.
아, 또 내일부터 전쟁이군.

다진 고기 오믈렛

재료(2인분)

다진 돼지고기 150g, 양파 작은 것 1개 (다진 것으로는 약 1컵 분량), 식용유 3작은술(다진 고기용으로 1작은술, 오믈렛 1 인분 만드는 데 1작은술)

---

*다른 오믈렛은 버터로 만드는 편이 더 맛있지만, 여기에는 다진 고기의 감칠맛이 있기 때문에 식용유를 쓰는 편이 더 맛있답니다.

다진 고기와 양파용 소금 1/2작은술, 후춧가루 약간, 달걀 4개(보통 사이즈의 달걀은 1인당 2개, 왕란일 때는 1½개), 설탕 2큰술(달걀 2개당 1큰술씩), 달걀용 소금 1/4작은술, 양배추 2장(채 썬 것), 오이 1/2개(비스듬히 썬 것)

만드는 법

1. 양파를 다진다.

2. 다진 고기에 후춧가루를 쳐둔다.

3. 프라이팬에 기름 1작은술을 두르고 ② 의 고기를 볶은 후, 반 정도 익었을 때 다진 양파를 넣어 볶는다. 그 위에 소금을 1/2작은술 정도 넣고 잘 볶고 볼에 담아 둔다. 프라이팬을 닦는다.

4. 볼에 1인분용 달걀 2개를 깨어 넣고, 설탕 1큰술과 소금을 약간 넣은 후, ③의 다진 고기 분량 반을 넣어 재빨리 섞는다.

5. 불소 플라스틱 가공 프라이팬에 식용유 1작은술을 두르고, 잘 가열한 다음 ④ 를 흘려 넣고, 숟가락 뒷면 등으로 재빨리 힘주어 휘젓는다. 불을 약하게 하고 달걀이 굳기 시작하면 말아서 완성. 다진 고기가 들어 있기 때문에 좀처럼 깨끗하게 정리되진 않지만, 어쩔 수 없다. 모양보다 맛으로 승부하는 수밖에!

6. 프라이팬을 뒤집어 오믈렛을 씌운다. 키친타월로 말아서 형태를 잡아주면 조금 더 단정하게 정리된다. 거기에 양배추나 오이 등을 첨가해도 좋다. 취향에 따라 소스나 케첩 등을 뿌려 먹는다.

---

*아무리 귀찮아도 1인분씩 프라이팬으로 만드는 것이 오믈렛의 포인트! 너무 센 불로 하지 말고 중간 불 중에서 약간 강한 불로 만들자.

집에 가서, 밥 먹자

취업 활동

지인의 딸이 취업을 하려 한다고 해서, 같이 만나 이야기를 하는 자리를 만들었습니다. 굉장히 쑥쑥 잘 자라준 요조숙녀. 고등학생 때 한 번 만났는데 그때보다 훨씬 더 멋지게 자라 있었습니다. 이제부터 미래를 잡으려 하는구나, 하는 예감이 들어 흐뭇했습니다.

회사원 시절에 취업 면담을 담당한 적이 있었는데(학생들도 힘들지만, 이야기를 들어주는 쪽도 사실 굉장히 체력이 필요해서, 엄청나게 배가 고팠던 기억이 납니다, 웃음) 그때 알게 된 게 있습니다. 그것은 많은 사람들이 모두 정

답만을 준비해 온다는 사실입니다. 영어도 운동도 다 잘하고, 동아리 활동도 대단들 합니다. 하지만 내 마음이나 또 다른 동료들의 마음에 남은 학생은 그런 학생이 아니라, 무엇을 좋아한다든가 "좋아하는 것은 아직 발견하지 못했지만 이것만은 할 수 있습니다!" 하고 말하는 학생이었습니다. 취업 활동에는 정답도 오답도 없으니까요.

또 거기서 새삼 깨달은 것은 아이들은 교육을 받는 내내 '무엇이든 다 잘하는 인간'이 되기를 요구받았다는 사실입니다. 하지만 그렇게 뭐든지 다 잘하는 사람이 되도록 요구되어왔음에도 정작 취업을 하게 되면 상황은 달라집니다. 직장에서는 뭐든 잘하는 사람보다는 '뭔가 하나 잘할 수 있는 것'을 가지고 있어야 다른 사람과 다른 특별한 연결 고리로 작용하니까요.

10대라는 소중한 시기에 "하나라도 상관없으니, 다른 사람을 끌어들일 수 있는 연결 고리(후크)를 만들어라" 하고 말해주는 어른을 만나기란 쉽지 않습니다. 아니, 그런 일은 거의 없습니다. 그렇지만 적어도 나는 딸들이 모든 것을 다 잘하는 사람이 되기를 바라지는 않습니다. 극단적인 재능이 있으면 별개지만, 그렇지 않다면 좋아하는 것을 발견하고 잘할 수 있는 것을 찾기를 바랍니다. 좋아하는 것과 잘 할 수 있는 것이 반드시 일치하지 않아도 상관없습니다. 하지만 일로 연결되는 무엇인가를 찾으려면 계기가 되는 무엇인가가 중요하겠죠. 취업 활동은 결코 쉬운 일은 아닙니다. 하지만 부디 학생분들! 힘내길 바랍니다. 그리고 단 하나라도 "I Can Do This!"라고 말할 수 있는 것이 있다면,

그건 정말 훌륭한 일입니다. 영화 〈버레스크〉의 크리스티나 아길레라

처럼 말이지요.

우엉 그린카레

영화 〈버레스크〉에 나오는 여성은 정말 아름답다.
단련된 몸이 이렇게나 아름다운 것이었다니. 비록 근육을 단련하는 건
불가능하지만 위를 정리하는 정도라면 나도 할 수 있을지도 모른다.
이런 생각으로 위를 정리하는 카레를 꼭 한번 만들어 보길.

재료(2~3인분)

우엉 1/2개, 쑥갓 혹은 시금치 1/4다발,
마늘 1조각(얇게 저민 것), 코코넛 밀
크 1컵, 물 1/2컵, 식용유 1작은술, 카레
가루·가람 마살라(인도 향신료) 1큰술
씩, 두반장 1작은술, 소금 1/2작은술, 설
탕 1½큰술, 콘소메(육수용 가루 덩어리)
1/2큰술, 밥·아몬드 적당량

만드는 법

1. 우엉은 껍질을 벗겨 필러로 얇게 깎아
서 물에 씻고 심을 제거한다. 쑥갓 혹은
시금치는 씻은 후 랩에 싸서 전자레인지
로 1분 정도 가열해 대충 썰어둔다.
2. 믹서에 우엉, 쑥갓 혹은 시금치, 마늘,
물, 코코넛 밀크를 넣고 휘저어둔다.
3. 프라이팬에 식용유를 넣고 카레가루,
가람 마살라, 두반장(중국 사천요리식 조
미료)을 넣고 중간 불로 열을 가한다. ②
의 우엉 믹스를 넣고 소금, 설탕, 콘소메
를 넣은 후 중간 불로 5~6분간 끓이면
완성. 밥에 얹어 먹는다. 식이 섬유가 풍
부한 아몬드를 부수어 넣으면 더 맛있다.

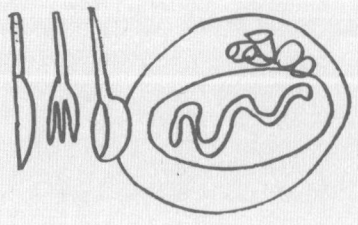

몸을 깨끗하게 하는 60개의 레시피

〈사랑과 수플레와 딸과 나〉

어젯밤, 아이들이 잠들었기에 다이안 키튼 주연의 〈사랑과 수플레와 딸과 나〉를 빌려서 보기로 했습니다. 세 딸과 엄마인 다이안 키튼의 이야기입니다.

유럽과 일본이 정말 다르다고 느꼈던 것 중 하나는 부모 자식 간의 관계입니다. 유교의 영향을 받지 않아서일까요? 아무튼 미국인 부모 자식 관계는 일본과 달리 굉장히 오픈되어 있습니다. 부모 자식 간에도 다양한 관계가 있겠지만 내가 아는 사람들 중에는 친구 같은 부모 자식 관계가 굉장히 많아서, 사랑 이야기도 공부 이야기도 친구 험담도 무엇이든 서로 다 알고 있습니다. 또 이혼한 후 자신의 연애 상담을 딸이나 자식한테 하는 부모도 굉장히 많습니다.

열여덟 살이 넘으면 서로가 동등한 성인이 됩니다. 이혼도 할 수 있고 나이 차를 뛰어넘는 연인이 생기기도 합니다. 일본이라면 모든 것을 숨기거나 과거를 전부 부정했을지도 모르지만, 세상에는 그렇지 않은 방법도 있는 것입니다. 너무나 좋아하는 우디 앨런 감독이 감독하고 출연한 〈에브리원 세즈 아이 러브 유〉라는 영화도 긴 세월을 같이 보낸 동지와 함께, 현재와 과거를 오고가는 굉장히 즐거운 영화입니다.

그러고 보니 미국에 살았을 때, 호스트 패밀리의 어머니는 아들들이 여자 친구를 데려오면 항상 "어머나, 우리 아들이 여자아이를 데려온

건 처음이야!" 하는 태도로 여자 친구들을 맞이해주었습니다. 물론 지금도 아들 네 명과 적당한 거리를 두고 좋은 관계를 유지하고 있지요. 아마 아들들에게 아무것도 의지하지 않고 자립한 그녀의 삶의 방식이 이런 관계를 창출하는 게 아닐까 생각됩니다. 작년에 오랜만에 그녀와 만났을 때, 나도 카린이나 사쿠라가 남자 친구를 데려오면 "만나서 기쁘구나!" 하고 말할 수 있는 엄마가 되고 싶다고 말했더니, 웃으면서 "Way to Go"(그렇구나, 그러렴) 하고 말해주었습니다. 그녀가 해준 말이 하나 더 있습니다. 바로 "Education Cannot be Redone." 다시 하는 교육은 효과가 없다는 뜻입니다. 그러면서 주위에 피해가 가지 않는 한도에서 리카가 옳다고 생각하는 본능대로 키우면 된다고 가르쳐주셨습니다. 아이들을 네 명이나 키우면서 초등학교 선생님을 정년까지 계속해온 사람의 내공이 느껴지는 말씀입니다.

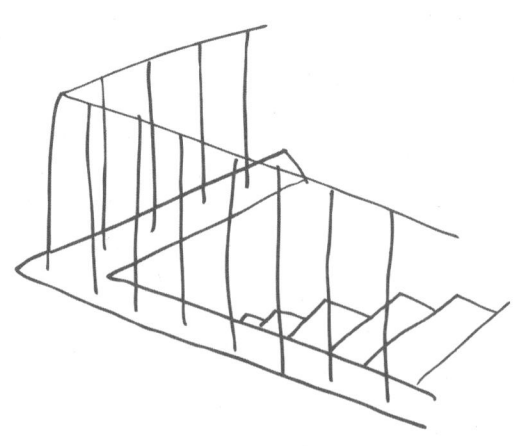

초콜릿 티라미수

둘째 딸 사쿠라가 "엄마, 까만 두부 또 만들어줘" 하는데 그게 뭔지 도통 알 수가 없다. 흐음, 하고 고민하고 있으니 명品통역사인 카린이 "엄마, 티라미수 말하는 거야" 이런다. 그렇구나~ 그러고 보니 폭신폭신한 게 두부랑 비슷한걸.

재료(4인분)

시트 생지 - 시판하는 스펀지 시트(작은 것) 1/2개, 에스프레소 혹은 진한 커피 1/2컵 분량, 아마레토 혹은 그라파(술) 2큰술(있으면), 판 초콜릿 1장(약 60g), 물 3큰술

필링 - 달걀흰자 2개분, 그라뉴당(시럽을 만드는 설탕) 2큰술(시트 생지에 초콜릿이 없으면 4큰술), 달걀노른자 2개분, 마스카르포네 치즈 250g(1개분, 냉장고에서 꺼내놓는다)

내열 용기(7×10cm), 코코아 3큰술 정도

만드는 법

1. 시트 생지를 만든다. 내열 용기에 스펀지 시트를 깐다. 그 위에 에스프레소 혹은 커피를 뿌리고 취향에 따라 그라파를 뿌리면 풍미가 좋다.

2. 머그컵 등의 내열 용기에 초콜릿과 물을 넣고 전자레인지에서 1분 20초 정도 가열해 초콜릿을 녹인다. 스푼으로 휘휘 저으면 초콜릿소스가 된다. ①의 스펀지 시트 위에 초콜릿을 뿌린다.

3. 필링을 만든다. 볼에 달걀흰자 2개와 그라뉴당을 넣고, 전동 거품기로 달걀흰자가 꼿꼿이 설 정도까지 거품을 낸다. 전동으로 8분 정도면 된다(손으로 해도 되지만, 그럴 때는 아주아주 열심히 저어야 합니다!). 그런 다음 다른 볼에 달걀노른자 2개를 넣고 실온에 두었던 마스카르포네 치즈를 넣고 고무 주걱으로 달걀노른자와 합친다.

4. ③의 달걀흰자를 조금씩, 달걀노른자와 마스카르포네 치즈+달걀노른자를 볼에 넣어 3번에 나눠서 섞는다. 랩으로 싸서 냉장고에서 2시간 동안 식힌다(여름에는 3시간). 마지막에 코코아를 뿌려 완성.

여행에서 만난 이탤리언

작은 이별

일이 끝나고 나면 도쿄는 항상 밤입니다. 3월 말 밤하늘을 보면 벚꽃은 어깨와 어깨를 맞대고 떨듯이 그 꽃잎을 흔들고 있습니다. "기껏 예쁘게 꽃잎을 피웠는데 날씨가 너무 추워서 불쌍하네" 하고 중얼거리는 할머니 옆을 스쳐 지나가다가 문득 "아, 다음 달부터 새 학기가 시작되는구나" 하는 걸 깨달았습니다. 그렇습니다. 오늘 날짜로 헤어져야 하는 유치원 선생님들도 있습니다.

첫째 카린과 둘째 사쿠라는 둘 다 태어나서 채 일 년도 되기 전부터 유치원에 보냈기 때문에, 유치원은 어떤 의미로는 '마이 홈'입니다. 안심하고 맡긴다는 의미를 훌쩍 초월해서, 정말 우리 애들이 많은 사랑을 받는구나, 하고 실감한 적이 한두 번이 아닙니다. "카린은 그림을 참 잘 그려요. 전 카린이 그린 그림이 정말 좋아요", "사쿠라와 헤어지게 돼서 정말 섭섭해요", "카린은 정말로 다정한 언니예요." 가끔씩 만나면 이렇게 말해주시는 선생님 때문에 가슴이 뭉클할 때도 있습니다. 그리고 아이들이 다툴 때는 확실하게 혼내고, 때로는 나에게도 "어머니, 지각 좀 하지 마세요" 하고 몇 번이나 주의 권고(?)를 하시기도 한답니다. 어떤 의미로는 아이들뿐만 아니라 어른도 교육시키는구나, 하는 생각이 듭니다. 그것도 정말로 인내심을 가지고 말이죠.

어젯밤 이불 속에서 첫째 딸이 '카린이 아주 좋아하는 선생님들이 없어진다'며 울었답니다. "울지 마, 엄마도 울고 싶잖아" 하고 내가 카린의 등을 톡톡 치니, 이번에는 사쿠라가 내 등을 톡톡 쳐줍니다. 그동안 정말 감사했다고 제대로 인사하지 못한 것이 마음에 걸렸습니다. 언젠가 어딘가에서 다시 만날 수 있을까요? 톡톡, 톡톡, 등을 두드리는 소리가 왠지 쓸쓸하게 들렸습니다. 아아, 같이 술이라도 마시면서 이야기할 수 있다면 얼마나 즐거웠을까, 하는 아쉬움이 남았습니다. 훌쩍이면서 잠든 첫째를 보면서, 언젠가 어른이 되면 예전에 얼마나 멋진 어른들이 그녀의 주위를 지켜줬는지, 사진을 보면서 이야기해줘야겠다고 생각했습니다.

새로운 해가 시작되면 갑작스러운 이별 후에 다시 새로운 만남이 찾아옵니다. 학년이 하나 올라가고, 학교를 졸업하고, 이사도 가고, 일이란 것을 처음으로 시작하는 사람도, 전근을 가는 사람도 있겠지요. 누구나 다 처음에는 힘든 법입니다. 변화에 적응할 때까지 자잘한 힘든 일이 얼마나 많겠어요.

오늘은 푸른 하늘에 벚꽃이 만개했습니다. 벚꽃이 살랑살랑 바람에 흔들리면서 모두에게 "힘내라, 힘내라" 하고 응원해주는 것 같습니다. 매년 응원해줘서 고마워.

케첩밥

유치원 소풍날. 도시락을 만들어야 하는데 완전히 까먹고 있다가
"앗, 재료가 하나도 없다!" 하고 허둥댄 적이 있었다.
실은 그것도 아주 여러 번 있었다. 그럴 때 유용한 레시피가 이것이다.
심지어 소시지가 들어가지 않은 적도 있었다. 그래도 아이들은 케첩밥을 좋아한다.
칠칠맞은 엄마의 명名레시피, 꼭 시험해보시길.

재료(2인분)

소시지 4개, 파(흰 부분) 1/2개, 마늘(취향에 따라) 약간, 달걀 2개, 토마토케첩 4큰술, 맛소금·후춧가루 약간, 흑후춧가루 듬뿍, 버터 2큰술, 밥 400g 정도

만드는 법

1. 소시지는 잘게 썰고, 파와 마늘은 다져놓는다.

2. 좀 작은 프라이팬으로 달걀말이를 하는데, 프라이팬을 중간 불로 가열하고, 기름(분량 외)을 아주 조금 넣은 후, 달걀을 풀어 넣고 약불로 6~7분 정도 천천히 굽는다.

3. 밥은 전자레인지로 데워놓는다. 프라이팬을 중간 불로 가열해 버터를 넣고, ①을 넣은 후 1분 정도 볶고, 밥을 넣어 잘 섞는다. 토마토케첩과 맛소금·후춧가루를 넣고 잘 섞는다. 그 옆에 달걀말이를 놓고, 흑후춧가루를 뿌리면 완성.

내 맘대로 정식

한 가족에 한 명 '요시코 씨'

나의 엄마는 몇십 년이나 함께했지만, 결코 질리지 않는 사람입니다. 그녀를 보면 다른 사람들도 분명히 재밌는 사람이라고 생각할 겁니다. 엄마가 재밌는 이유는, 뭐니 뭐니 해도 그 예상 밖의 발언에서 기인합니다.

예를 들어 여동생이랑 전화를 하다가 딸내미를 데리고 후쿠오카에 놀러 갈까 하고 말했더니, 여동생 왈 "엄마가 말이야, 우리는 그런 백돼지(손녀)는 사양이래. 12월에 댄스 발표회가 있다나 봐. 그런데 그 무거운 카린을 업어주다가 허리라도 삐면 큰일이라지 뭐야" 이럽니다. 그렇습니다. 카린은 분명히 무겁긴 합니다. 당시 7개월짜리가 9킬로그램이나 나갔으니까요. 퍼센타일 곡선이라는, 신장과 체중의 표준 분포 그래프로 보면 완전히 톱을 달렸습니다.

물론 엄마는 나중에 "농담이야, 농담" 하고 말했지만, 아무튼 손녀 얼굴 보고 싶으니 집에 좀 오라는 보통 부모님들과는 좀 다릅니다. 하지만 딸로서는 오히려 이런 엄마가 더 편할 때가 많습니다.

엄마는 여동생의 아들에게 중대한 장애가 있다는 말을 병원에서 전해 들은 밤에도 예상 밖의 코멘트를 하셨습니다. 어두운 얼굴을 하고 있는 여동생에게, 갑자기 "지하루! 리카랑 같이 서커스 보러 가는 게 좋겠다" 하는 겁니다. 서커스? 서커스? 갑자기 웬 서커스? 아들의 장래가 걱정되어 불안해하고 있던 여동생도 난데없는 '서커스 발언'으로 마지못해 발상의 전환을 경험했습니다.

엄마 왈 "이렇게 우울하게 있어봤자 소용없잖니. 서커스가 얼마나 재밌는데", "엄마, 그래도 서커스라니. 서커스는 요즘엔 그렇게 어디서나 자주 볼 수 있는 게 아니에요" 하고 말하는 나도 무슨 말을 하는 건지 모르게 됩니다. 엄마는 옛날부터 서커스를 굉장히 좋아했습니다. 아마도 최고의 엔터테인먼트라고 생각하는 것 같습니다. 어제도 "리카, 퀴담이라는 서커스 알아? 후쿠오카에 갔다가 엄마가 그거 보러 갔는데 엄청났어. 정말 재밌었어" 하고 전화를 걸었답니다.

단적으로 말하자면 '백돼지 손녀는 사양'이지만 '서커스를 보러 후쿠오카까지 갈 가치는 있다'고 말하는 사람이 우리 엄마입니다. 그렇게까지 말씀하시는데 보러 갔다 올까, 하는 생각도 듭니다.

엄마 주위에 있으면 모두들 행복해지는 것 같습니다. 일반적인 시선으로 세상을 보지 않는다는 점, 즉 모든 사물의 가치를 스스로 정하는 명쾌한 태도 때문일지도 모르겠습니다. 한 집에 한 명씩 엄마 같은 사람이 있으면 모두의 인생도 편해질 겁니다. 그리고 또 하나 좋은 점! 웃음도 끊길 새가 없답니다.

재밌다고 생각하는 여성… 엄마. 요시코.
존경하는 여성… 다카기 지하루. 나의 여동생.

세 아이의 엄마에 첫째 아들은 중증 장애아.
하지만 항상 나를 위로해주고 웃겨준다.
상세한 내용은 블로그 '지하루의 웃음 일기'에.
웃어봅시다~!

인생, 우선 자신

새로운 와인을 테마로 한 책이 나온 날의 일입니다. 손에 묵직한 무게
가 느껴지는 책 한 권. 드디어 나왔구나, 기쁘다. 이렇게 생각하면서
나처럼 이 책을 손에 들고 있을 부모님께 전화를 해봤습니다. 엄마의
반응.

"어머나, 리카. 책이 드디어 나왔구나."
"엄마, 읽어봤어요?"

"뭐? 읽어봤냐고? 내가 요즘 글자만 읽으면 너무 졸려서…. 게다가 난 와인도 안 마시잖니. 분명 읽어도 하나도 모를 거야."

"괜찮아요. 와인 잘 모르는 사람도 재밌게 읽을 수 있도록 썼으니까 읽어보세요."

"알았어, 그럼 노력해볼게."

실로 담백한 대화. 부모라고는 생각되지 않는 발언입니다. 이런 유의 깜짝 발언은 손녀를 대상으로 해도 마찬가지입니다.

규슈에 놀러 갔을 때의 일입니다. 복도에서 "안아줘!" 하면서 양팔을 벌리고 칭얼대는 첫째 딸 카린을 보고, 엄마는 손바닥에 스톱 사인을 그리면서 이렇게 말했습니다.

"카린, 할머니가 아까 마사지를 받고 왔거든. 그래서 겨우 아픈 허리가 막 나은 참이니까 오늘은 못 안아줘. 알겠니? 못.안.아.준.단.다.못.안.아.줘."

당시 카린의 나이는 한 살 반. 과연 이해했을까요? 아무튼 그때 카린은 원숭이처럼 고개를 끄덕이고 있었답니다.

하지만 의외로 이런 부모님이 계시면 아이들은 편합니다. 게다가 부모님이 자신의 아이에게 모든 에너지를 쏟는 게 아니기 때문에(그래도 애정의 온도는 뜨겁기 때문에 정말로 필요할 때는 자신의 능력의 한계를 초월하기도 합니다) 오히려 아이들은 적당히 자립할 수 있게 되지요. '인생, 다른 사람보다 우선은 '내가 먼저'라는 근본 개념을 일찍 깨닫게 된다고나 할까요.

"솔직히 내가 행복하지도 않으면서 다른 사람을 행복하게 하다니, 착각이야. 무리라고" 하는 지당한 의견을 듣는 사이에, 아이들 마음속에는 어느새 '다른 사람은 다른 사람. 나는 나' 하는 발상이 자라나게 됩니다.

다른 사람과 비교해 행복하다, 불행하다는 느낌을 가지는 데에도 그 자체로 커다란 에너지가 필요하고, 타인과 비교하기 위한 정보를 수집하는 능력도 필요합니다. 반면 내 자신이 행복해지기 위한 길은 오히려 심플합니다. 무엇을 하면 좋을까? 생각하고, 구체적으로 행동해보고, 질린다거나 잘 맞지 않는다거나 실패를 반복하고, 최종적으로 자신을 행복하게 해주는 무언가를 발견해가면 그뿐입니다. 그 결과 여동생은 전자오르간과 피아노, 나는 요리와 영화, 음악이라는 것을 발견했답니다.

내가 서른이 넘도록 독신으로 있는 걸 보고, 엄마는 "리카, 결혼한다고 행복한 건 아니다. 자신을 바꿔서까지 누군가와 함께하다니, 그건 너무 아까운 일이야" 하고 다른 부모님과는 사뭇 다른 발언을 반복해서 들려주셨습니다.

그리고 보니, 아이가 생겼다고 보고했을 때도 "어머, 리카. 아이 낳으려고? 내가 자손을 남기지 않으면 큰일 나는 사람의 아내도 아니고, 너도 나이가 많으니 무리할 필요는 없단다" 하고 말씀하셨습니다.

그렇구나. 괜찮구나. 나는 이대로 있어도 되는구나. 세상에는 "좀 더 힘내라, 다른 사람처럼 해라, 손주를 보고 싶다, 자손을 남겨라"라는 말을 하는 부모가 많습니다. 그런데 그런 일은 할 필요 없다고 확실하게 말해주시니, 아이(몇 살이 되어도 부모 앞에서 자식은 항상 아이입니다)의 마음은 새털처럼 가벼워집니다.

그렇구나. 무리할 필요는 없구나. 전혀 없구나. 이런 기분이 들거든요. 뭐든지 하면 되는 거고, 하지 않아도 되는 거지요. 마음은 항상 카멜레온처럼 상황에 맞춰 색을 변화시킬 수 있는 유연성을 가지는 게 좋습니다.

어쩌면 엄마는 "상대의 색을 바꾸기보다는, 자신의 색을 바꿀 수 있는 힘을 가지는 편이 결과적으로는 훨씬 편하단다" 하고 말씀하시고 싶었던 게 아닌가 싶습니다.

나의 부모님은 내 책이 새로 나오면, 그 책을 손에 들고, 표지와 사진을 한번 보고 팔랑팔랑 페이지를 넘기면서 "오, 예쁜데?", "대단하네, 리카" 이렇게 말하고는 바로 책장에 꽂습니다. 제대로 읽은 적이 없기 때문에, 비평이나 비판도 일절 없습니다.

하지만 그 덕분에 항상 칭찬만 받는다는 점에서는 최고입니다. 역시 가족은 자신을 응원하는 최고의 응원단원입니다. 한참 열심히 달리다가도 가끔 눈이 마주치면, 항상 서서 나를 응원하면서 "플레이 플레이" 외치며 깃발을 흔들어주니까요.

그리고 내 모습이 보이지 않으면 "아이고, 힘들어" 하면서 자리에 다시 앉아, 신문이나 잡지로 부채질하면서 차가운 음료수를 마시는 거죠.

그래야만 길게 끝까지 응원을 계속할 수 있으니까요.

영화 〈사운드 오브 뮤직〉의 주인공 마리아.

나의 이상理想적인 어머니상像.
어떤 시를 읽어줘도 다 공부가 되고,
매일 즐겁게 보내는 본보기를 보여준다.
아, 정말 멋져.

두 번째 꽃

2005년 4월 13일. 푸른 하늘에 아직 벚꽃이 예쁜 계절. 카린을 낳은 후쿠오카 병원에서 둘째 딸 사쿠라가 무사히 태어났습니다. 그런데 왜 인지 딸 둘이 모두 거꾸로 나오는 바람에 제왕절개(아이가 거꾸로 나오는 것 자체가 드문 일인데, 두 명 계속해서 이렇게 나오는 건 굉장히 희귀한 일이라고 하 네요)를 하는 수밖에 없었죠. 조금 작았지만 건강한 모습에 안심했습 니다.

"어머니, 건강한 아기예요" 하고 수술실에서 선생님들이 말해주셨을 때,

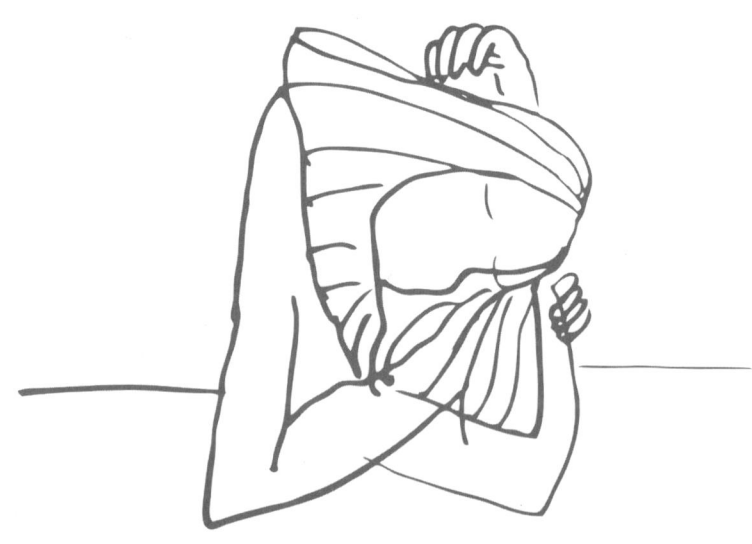

정말로 가슴 한가득 감동이 차올랐습니다. 정말 잘 견뎌주었구나. 잘 태어나주었구나. 고마워. 정말 고마워. 사쿠라. 그리고 사쿠라를 낳게 해준 병원 선생님과 간호사분들도 다 고맙습니다. 고맙습니다. 고맙습니다. 몇 번이나 반복해서 말하고 싶은 기분이었습니다.

수술실에서 나오니, 보통 때와는 좀 다른 내 모습을 보고 첫째 딸 카린이 깜짝 놀랐습니다. 그리고는 금방 눈에 눈물이 그렁그렁해져서는 "엄마 아파? 괜찮아? 괜찮아?" 이렇게 걱정하며 조심스레 내 얼굴을 들여다보았습니다.

"괜찮아. 엄마 하나도 안 아파" 하고 말하니, 이번에는 무슨 생각을 했는지 "엄마, 화장할래?" 하면서 화장품 케이스를 가져와 건네줍니다. 아무리 생각해도 화장을 해야 할 필요가 있을 정도로 이상한 얼굴이었나 봅니다. 정말 웃겼습니다.

하지만 더 웃긴 건 역시 엄마였습니다. 수술실에서 병실로 옮긴 후, 이제 곧 내 얼굴을 보러 오겠지, 했더니 복도에서 들리는 엄마의 밝은 목소리. "자, 이제 다 같이 밥 먹으러 가자."

"뭐? 인생의 중대한 고비를 넘긴 딸내미 얼굴도 보지 않고 밥을 먹으러 간다고?" 갑자기 냉정해진 나는 간호사에게 "죄송한데요, 저희 엄마 좀 불러주세요" 하고 부탁했습니다.

하지만 들어온 엄마한테 마취 때문에 몽롱한 의식으로 내가 물어본 건 "엄마, 로열(호텔 이름)로 갈 거야? 폭스(스테이크집 이름)로 갈 거야?"였다고 합니다. 그 말에 가족 일동이 "어차피 먹지도 못하면서 그런 질문을 하다니, 대체 리카의 식탐의 끝은 어디까지야?" 하면서, 이때의 일을 두고두고 화제로 삼았다고 하는군요.

그렇습니다. 제왕절개 수술 중에도 의식은 있었는데, 머리에 떠오른 것은 '콜라 마시고 싶다'라든가 '맛있는 레드 와인이랑 나폴레옹 파이 먹고 싶다' 같은 생각이었습니다. 일종의 공포와 싸울 때 나의 경우에는, 필사적으로 좋아하는 것을 떠올리는 버릇이 있는 듯합니다. 물론 사쿠라가 배에서 나오는 순간에는 "사쿠라! 힘내, 사쿠라! 힘내" 하고 응원을 보냈지만요.

이리하여 내 인생에는 '카린'과 '사쿠라' 두 종류의 꽃을 피우는 나무 묘목이 존재하게 되었습니다. 매일 적당한 양의 물을 주고 가끔 양분을 주면서, 햇빛을 받고 바람을 맞으며 매년 아름다운 꽃이 피어나는 강한 나무로 자라주길 바랍니다. 때로는 틀릴 때도 있을 테고 내팽개치고 싶어질 때도 있겠지요. 나무 주위에서 "그런 게 아니잖아!"하고 팔을 흔들면서 소리치고 싶을 때도 분명 있을 겁니다.

하지만 포기하지 않고 묘목과 대화하면서 키워나갈 것입니다. 두 개의 묘목이 일본이라는 멋진 대지에 뿌리를 내리고 다른 사람을 기쁘게 할 줄 아는 아름다운 꽃을 피울 수 있기를, 그리고 더울 때는 녹음이 우거진 잎으로 그늘을 만들어줄 줄 아는 넉넉한 마음을 가진 나무로 자라기를 바랍니다.

출산 당일, 엄마가 운전하는 자동차에서 라디오를 트니 사이토 가즈요시의 '사쿠라(벚꽃)'라는 곡이 흘러나왔습니다. 내가 들은 것은 2번

트랙. 이런 가사입니다.

벚나무에 기대어 긴 꿈을 꾼다.

조금 쌀쌀한 봄 석양, 하늘에 달이 뜬다.

긴 꿈속에서, 누군가를 찾고 있다.

그게 당신이라면, 꿈은 계속되리라는 걸

나는 안다.

벚나무에는 꽃이 피고, 하늘은 매우 아름답다.

계속 반복되는, 다른 사랑에는 없는 꿈은 계속될 것이다.

(사이토 가즈요시 '사쿠라' 중에서/작사·작곡 사이토 가즈요시)

언젠가 사쿠라도, 그리고 카린도, 자신들을 이런 식으로 생각해주는 멋진 남자와 사랑을 할 수 있으면 얼마나 좋을까요. 지금은 〈스타워즈〉의 요다와 E.T를 반반씩 닮은 모습이지만, 분명히 언젠가는 밤 벚꽃나무 아래를 누군가와 손을 잡고 걸어가는 날이 오겠지요.

'카린'은 나의 독일인 친구의 이름

함께 'The Police'를 듣고 영화를 보러 가고 여행을 갔다.

'사쿠라(벚꽃)'는 내가 가장 좋아하는 꽃의 이름.

둘 다 나의 귀여운 꽃. 사랑스러운 꽃.

할머니, 감사합니다

매년 여름이 끝날 무렵에는 핑크나 화이트 컬러의 백일홍이 핍니다. 미끌, 원숭이도 미끄러질 것같이 표면이 매끈매끈한 가지 위에 불꽃놀이를 하는 것같이 화려하게 피는 이 꽃은, 갑자기 서늘해진 바람에 몸을 맡기고 좌우로 흔들리고 있습니다.

백일홍이 질 무렵 94세였던 외할머니가 돌아가셨습니다. 외할머니는 1913년생. 제1차 세계대전, 제2차 세계대전을 모두 겪으셨습니다. 격변의 시대를 살아오면서 아이를 다섯 명 키우고 손주 열한 명, 또 증손주

도 열 명이나 두셨습니다. 장남인 외삼촌과 결혼한 이모랑 같이 살며 마지막까지 평온하게 생활하다가 잠자는 동안 돌아가셨습니다.

생전에 "죽는 방법은 선택할 수 없다"는 말씀을 자주 했는데 초가을 바람처럼 너무나도 산뜻하고 깨끗하게, 이 세상에 이별을 고하셨습니다.

장례식에서는 모두가 마지막까지 합장을 하고 "감사합니다. 할머니" 하고 말했습니다.

낳아주셔서 감사합니다. 키워주셔서 감사합니다. 다정하게 대해주셔서 감사합니다. 언제나 뭐든지 주셔서 감사합니다. 힘내주셔서 감사합니다. 건강하게 살아주셔서 감사합니다. 포기해주셔서 감사합니다. 옷을 꿰매주셔서 감사합니다. 모든 것을 감사하게 생각해주셔서 감사합니다. 모든 것을 자랑스럽게 생각해주셔서 감사합니다. 옛날 일들을 많이많이 말씀해주셔서 감사합니다.

때때로 다른 사람의 험담을 하거나, 불평을 하거나, 주위 사람들을 곤란하게 했던 일도 있었지만, 그런 것마저도 모두 주위 사람들의 인생에 양념을 뿌려준 정도였습니다. 그것도 감사합니다.

그리고 할머니! 할머니가 없었으면 여기에 있는 우리 모두가 없었겠지요. 저절로 그런 것들을 생각하게 됩니다. 우리 엄마도 이 세상에 존재하지 않았을 테고, 나도, 내 딸들도 다 존재하지 않았겠지요.

단 한 사람, 할머니라는 한 사람한테서 이 많은 사람들이 태어나다니, 우주의 탄생에 가까운 불가사의라는 생각이 듭니다. 처음에는 무無였던 모든 것들이 빅뱅처럼 무엇인가가 갑자기 생기고 자라나고 게다가 커져서, 세월을 거쳐 다시 무에 가까운 존재로 돌아갑니다.

할머니도 화장하면 뼈가 되고, 그것은 다시 공중으로 화악 날아가고 흩어져, 하얀 입자가 되겠지요. 그 모습은 무無와 같은 것이지만 실은 거기에는 아직 무엇인가가 존재한다는 걸 우리는 압니다. 뼈 입자가 날아다니는 모습을 보면서, 할머니는 그림 속에 나오는 천국으로 가는 게 아니라, 모두의 마음속으로 돌아오는 거라는 생각을 했습니다. 할머니의 입자는 공기를 통해 모든 사람의 몸속에 있는 '마음'이라는 우주로 돌아오는 것입니다. 증손녀 카린이나 사쿠라의 마음속에도요.

마지막에 스님이 경을 읽어주시는데, 둘째 딸 사쿠라가 갑자기 독경의 리듬에 맞춰 노래를 불렀습니다. "♪해피~ 투유, 해피~ 투유♪" '생일 축하합니다' 노래였습니다. 계속해서 긴장의 끈을 놓지 못하고 계시던 친척들도 이 노래로 스르륵 긴장의 끈이 느슨해졌습니다. 장남인 외삼촌도 "어떤 의미로는 정말로 해피 버스데이 투 유일지도 모르겠구나" 하고 말씀하셨습니다.

할머니는 생전에 우리와 헤어질 때, 더울 때도 추울 때도 항상 우리가 보이지 않을 때까지 손을 흔들어주셨습니다. 돌아보면 할머니는 항상 그 자리에 서 계셨습니다. 길을 돌아 보이지 않을 때까지 계속해서 손을 흔들고 계셨습니다.

추우니까 들어가시라고 말해도, 결코 먼저 집으로 들어가시는 일은 없었습니다. 그것은 매번 마치 이 이별이 이 생의 마지막 이별일지도 모른다는 절실한 느낌이었습니다.

그래서 나도 언제 누구와 헤어져도 돌아보고 돌아보고 또 돌아보게 됩니다. 헤어진 사람이 나에게 손을 흔들고 있다면 나도 같이 흔들어 주고 싶기 때문입니다.

항상 매일 아침, 카린과 사쿠라와 바이바이 할 때도 보이지 않을 때까지 손을 흔듭니다. 싸웠을 때도, 그때까지 화를 내고 있더라도, 헤어질 때는 항상 우리 할머니처럼 웃으면서 바이바이 합니다. 헤어지는 것은 소중합니다. 헤어지는 방식은 어떤 의미로는 같이 있는 시간보다 더 소중하다는 것을, 할머니가 가르쳐주셨거든요.

뒤를 돌아봤을 때, 다시 눈이 마주쳐서

누군가에게 다시 손을 흔들게 되는 순간이 좋다.
그러면서도 항상, 너무 뒤를 돌아보다가 전봇대에 부딪치는
엄마가 걱정이다.

여동생

동생 지하루와 나는 나이가 한 살 반밖에 차이 나지 않아서 거의 친구처럼 자랐습니다. 얼마 차이도 안 나는데 '언니'라는 이유로 부모가 너무 의지하는 것도 좋지 않다고 생각하시는 아빠의 사고방식과 《작은 아씨들》에서 네 자매가 서로를 이름으로 부르는 데 감명을 받은 엄마의 영향으로 여동생은 나를 '리카', 나는 동생을 '지하루'라고, 이름으로 부르게 되었습니다.

그래서 "동생이니까 참아라"라든가 "언니니까 이렇게 해라" 같은 말을 들은 기억은 거의 없습니다. 서로를 평등하게 여기면서, 과자도 나눠 먹고 싸움을 하면서 사이좋게 자랄 수 있었습니다.

여성도 남성과 똑같이 사회에 진출한다는 사고방식에 따라 교육에 돈을 많이 쓰는 요즘, 아이는 하나만 낳으면 충분하다는 사람이 많은 것도 이해가 갑니다. 하지만 나는 동생의 존재가 너무나 컸기 때문에 가능하다면 카린에게도 친구가 될 수 있는 형제가 있었으면 좋겠다고 항상 생각했습니다. 태어나기까지 어떤 아이일지 모르고, 건강하게 태어나더라도 육아는 또 별개의 문제입니다. 하지만 전쟁 중 식량도 없던 시대에 다섯 명 혹은 여섯 명도 더 되는 아이를 낳고 키워온 어머니들도 많았던 걸 보면, 아무리 상황이 안 좋더라도 불가능한 일은 아닙니다. 좋았어. 카린에게 형제를 선물해줘야겠다. 나도 동생이 있어서 할 수 있는 일이 엄청 많았으니까, 이렇게 생각했지요.

어릴 때 말을 안 들어서 엄마가 맨발인 나를 집에서 쫓아내면 동생이 항상 현관에서 신발을 던져줬기 때문에 창피할 뻔했던 순간을 모면할 수 있었고, 엄마가 일을 하고 있을 때는 같이 집을 봤기에 심심하거나 외롭지 않았습니다.

이사를 해서 학교에서 친구와 헤어지거나, 이지메를 당했을 때도 "리카, 괜찮아?" 하고 걱정해주고, 말을 들어주는 동생. 동생한테는 차마 엄마에게도 말하지 못하는 것을 의논할 수 있었습니다. 학교 성적이 떨어졌다든가, 부모님이 화낼 만한 일을 저질렀다든가 할 때도 언제나 그 사이에 서준 게 동생입니다. 먼저 취직해서 내가 아직도 대학에 다니고 가난했을 때는 손목시계를 사주기도 하고, 밥을 사주기도 했던 동생입니다. 아빠는 일과 골프로 바쁘고 엄마는 항상 전자오르간 일로 바빴기 때문에 부모님과는 별로 놀러 다닌 기억이 없지만, 그 대신 자매 둘이서 항상 서로 의지하며 열심히 놀았더니, 결과적으로 보통 자매보다 훨씬 더 사이좋은 자매가 되었습니다. 부모님은 아이들만 바라보고 힘들게 아이들을 키운다지만, 제 생각에는, 아이들은 의외로 형제자매 사이에서 저절로 크는 일이 더 많은 것 같습니다.

항상 "리카, 리카!" 하고 뒤에서 따라오면서, 다른 사람들에게 의지해서 살아왔던 동생이지만, 스물여덟 살에 장애가 있는 아들을 낳은 다음에는 확실하게 대지에 뿌리를 내린 거목처럼 아름답고 씩씩한 모습을 보이게 되었습니다.

사람에게는 다양한 잠재력이 있습니다. 그때 여동생 속에서 잠자고 있던 '강함'이라는 힘이 갑자기 싹을 틔운 것이겠죠.

하지만 사실 처음에는 정신을 놓은 듯 항상 멍하게 있는 일이 잦아서 '지하루가 자신의 상황을 이해하고 있기는 한 걸까?' 하는 걱정이 들 정도였습니다. 하지만 조금 지나니 어느새 스스로 "미래의 일들은 아무리 생각해봐도 소용없어. 내가 할 수 있는 것을 해주는 수밖에 없어. 왜냐하면 그건 다른 사람은 누구도 해주지 못하는 거니까. 평생 사랑해주는 수밖에 없어" 하는 말을 하게 되더군요.

힘든 상황이었던 것만은 확실합니다. 하지만 생각해보면, 동생이 아들

소타 때문에 눈물 흘리는 것을 본 건 딱 한 번뿐입니다. 식탁에서 동생이랑 동생의 남편인 히로하루, 그리고 나, 이렇게 셋이서 밥을 먹고 있는데, 동생이 갑자기 울면서 "소타가 전차 안에서, 발차 오라이~! 이러면서 큰 소리를 지르는 어른이 되면 어떡해" 하고 말하는 겁니다.

그랬더니 히로하루는 씩씩하게 밥을 먹으면서 "그러면 나도 큰 소리로, 오라이~! 하고 대답해주지" 하고 말했습니다. 잘 생각해보니 동생이 이렇게 늠름하고 씩씩한 거목이 될 수 있었던 건 히로하루라는 토지가 애당초 자양분이 풍부한, 멋진 흙이었기 때문일지도 모르겠습니다.

서로 존경하는 형제자매를 가질 수 있다는 것은 더할 나위 없는 행운이라고 생각합니다. 친구도 멋진 존재고 부모님도 소중하지만 손익을 넘어 서로를 도울 수 있는 가능성이 가장 많이 잠재되어 있는 것은 형제자매라는 존재가 아닐까 싶습니다. 카린이랑 사쿠라도 장래에는 분명 서로에게 베스트 프렌드가 되어주겠지요.

평화 교섭 조약

요즘엔 사쿠라에게 화를 내면, 카린이
"사쿠라는 아직 아기니까 용서해줘" 이런다.
또 카린을 혼내면, 사쿠라가
"카린한테 화내면 안 돼" 이런다.
두 사람은 대對 엄마 평화 교섭 조약이라도 맺은 걸까?
놀랍다.

허그는 대단해!

중국 상하이에서 사는 친구가 첫째 딸 카린과 나이가 거의 같은 아이를 데리고 놀러 왔습니다. 아이는 현관으로 들어와 판다 장난감을 보자마자 손에 들고 놀기 시작했습니다. 그 모습을 본 첫째 카린, 다다다다~ 달려가더니 팍! 판다를 뺏고는 '카린 거야!' 하며 화를 냈습니다.

"Lucy's!"
"카린 거야!"

서로 잡아당기다가 건전지로 움직이는 판다는 결국 부서지고 조작하는 리모컨 끈도 끊어져버렸습니다. "와앙~" 고막을 찢을 듯한 두 아이의 울음소리. 무시무시한 저녁이 시작되었습니다.

그리고 몇 개월 뒤, 종전 기념일에 전쟁에서 부상을 입은 아이들의 영상을 보던 세 살짜리 카린이 불쌍하다고 말했습니다.

"저번에 루시랑 카린이랑 싸워서 장난감을 서로 뺏으려다가, 판다가 다쳐서 움직이지 않게 됐지? 그거랑 똑같은 거야."

그랬더니 "싸움하면 안 되겠네" 하고 스스로에게 들려주듯이 진지하게 중얼거렸습니다. 그녀의 표정을 보니 실은 아이들은 생각보다 다양한 것들을 알고 있다는 생각이 들었습니다.

TV를 본 다음 날, 다시 바다를 건너 루시가 놀러 왔습니다.

이번에는 뭘 가지고 싸우려나 지켜보니, 둘 다 판다 해체 사건을 어렴풋이 기억하는 듯, 작은 배려심이 자라나 있었습니다.

루시가 장난감 하나를 가져가면, 카린은 다른 것을 찾았습니다. 그 사이를 틈타 사쿠라가 가장 좋은 것을 획득하고 재빨리 탈주. 또 그 틈을 노린 어른들은 식사.

지난번에 비하면 굉장히 조용하게 저녁 식사가 끝났습니다.

하지만 현관에서 헤어질 때 루시가 맘에 든 마지렌쟈(파워레인저 시리즈 로봇) 종이가면을 집자, 카린이 "안 돼!~" 하면서 뺏는 바람에 다시 싸움 발발. 하지만 그럼에도 루시가 헤어질 때 허그를 해줬더니 그 순간, 갑자기 카린의 태도가 바뀌었습니다. "이거 가져!"라면서 종이가면을 주는 겁니다.

문이 닫혔을 때 "카린은 참 훌륭하구나. 자신이 소중하게 여기는 걸 다른 사람한테 준다는 건 굉장히 멋진 일이란다" 하고 이번에는 내가 허그를 해주었습니다.

껴안는다는 건 대단한 일입니다! 한창 싸움을 하다가도 인간은 가슴과 가슴이 닿았을 때, 말로는 표현할 수 없는 뭔가를 느낍니다. 서로 싸울 때, 그래서 머리도 하트 근육도 한껏 딱딱해졌을 때 갑자기 꽉 껴안아주면 그 순간, 머리는 말랑말랑해지고 하트는 폭신폭신해져서 "어? 내가 뭣 때문에 화를 내고 있었더라?" 이렇게 되는 거지요.

전쟁을 했던 어른도 혹은 지금 하고 있는 어른들도 어릴 때는 분명히 머리와 하트 모두 말랑말랑했을 것입니다. 유치원의 어느 반 아이들을 봐도 다들 한결같이 보드라운 마음을 지니고 있습니다. 나보다 작은 아이를 지켜야지, 돌봐줘야지 하는 마음이 아이들의 DNA 속에 흐르는 것입니다. 하지만 시간과 함께 그 보드라운 마음을 망가뜨리는 것은 우리 어른일지도 모릅니다.

"엄마, 전쟁은 아픈 거야?"

이번에는 카린에 이어 한 살짜리 사쿠라까지, TV 앞에서 뉴스나 프로그램을 보고는 침울. 모든 걸 안다는 얼굴을 하고 있습니다.

"그러게. 분명히 그럴 거야. 다음에 영화랑 만화 보면서 가르쳐줄게."

자신이 받은 상처와 자신이 준 상처, 그 두 가지를 말로 전하는 것은 잘못을 일으키지 않는 미래를 창조하는 유일한 일인 듯합니다.

그러고 보니 독일의 옛 대통령 바이츠제커가 이런 연설을 했던 것이 기억납니다.

"과거에 눈을 감는 자는 현재에도 눈을 감고 있는 것과 마찬가지입니다. 비인간적인 행위를 마음에 새기려고 하지 않는 자는 또다시 그런 위험에 빠지기 쉽습니다."

역사를, 현대를 살아가기 위한 하나의 도구로 받아들인 훌륭한 정치가의, 마음에 남는 연설이었습니다.

루시와 카린은 싸움 덕에 조금 밝은 미래를 열 수 있었습니다. 지금은 서로 말이 통하지 않지만 나중에 통하게 되면, 혹시 또 다른 종류의 싸움이 시작되는 걸까요?

쓰키시마 할아버지

2009년 1월 25일, 쓰키시마 할아버지가 돌아가셨습니다. 친할아버지는 아니고, 카린과 사쿠라가 신세를 지던 패밀리의 할아버지입니다. 할아버지는 아이들에게 너무나 친근하고 너무나 다정한 존재였습니다. 사쿠라는 그때 세 살이었습니다. 카린도 물론 사랑을 많이 받았지만 사쿠라에게 할아버지는 특별한 존재였습니다. 돌아가신 지 일 년이 지난 요즘에도 아침에 "할아버지, 할아버지" 하며 울면서 일어날 때가 있을 정도니까요.

항상 무릎 위에 앉아서 맛있는 참치회를 받아먹었고, 할아버지만은 요구르트도 두 개나 먹도록 허락해주었습니다. 할아버지는 손수 만드신 실내 그네를 태워주시고 역시 손수 만드신 실내 해먹에 앉혀 흔들어주었습니다. 아마도 어느 누구보다도 가장 사쿠라를 귀여워해준 사람이었을 것입니다. 또 그것은 일방적인 사랑이 아니라 마치 연인들의 사랑 같아서, 하이디가 할아버지에게 안길 때처럼, 사쿠라는 안길 때마다 "할아버지!" 하고 귀여운 소리를 질렀습니다.

장례식 전날, 사쿠라는 처음으로 고열에 시달렸습니다. 그렇게 먹성 좋은 사쿠라가 밥을 먹지 않은 것은 태어나서 처음이었습니다. 화장터에서 할아버지가 뼈가 되고 작디작은 입자가 되어 공중으로 화악 날아갈 때, 사쿠라가 "할아버지는 없어지는 거야?" 하고 물었습니다. "할아버지는 아주아주 작아져서 보이지 않을 정도로 작아져서 사쿠라랑 카린, 모든 사람들 속에 들어가는 거란다" 하고 말했더니, 숨을 들이마시며 작은 입자를 몸속에 넣으려 노력했습니다.

화장터에서 돌아와 씩씩하게 밥을 다 먹은 순간, 결국 우리는 다 같이 웃으면서 울음을 터뜨렸습니다. 사쿠라에게 역시 이상理想의 할아버지. 분명 '마루코짱'(일본 애니메이션 〈마루코는 아홉 살〉의 주인공 이름-옮긴이)에게 '도모조' 할아버지 같은 존재였으리라고 생각합니다. 예전에 일을 끝내고 사쿠라를 데리러 가서 안아 들면 사쿠라의 머리카락에서 선향 냄새가 났습니다. 할아버지가 항상 선향을 피우고 있었기 때문에 그 향기가 머리카락에 밴 것이었지요. 안심이 되는, 굉장히 좋은 향기였습니다.

벌써 일 년이 지났는데도 해 질 무렵, 사쿠라는 별을 볼 때마다 "소원 들어주세요. 사쿠라는 할아버지가 보고 싶어요" 하고 말합니다. 사쿠라의 마음속에 할아버지는 계속 존재하고 있을 테니, 사쿠라가 하는 말을 듣고 기쁨의 눈물을 흘리시리라 생각합니다. 할아버지가 입원했던 병원에서 마지막으로 하신 말씀이 "냉동해놓은 양고기, 그거, 퇴원하면 카린이랑 사쿠라랑 같이 먹고 싶구나. 카린이랑 사쿠라는 양고기 좋아하니까"였다고 합니다. 사쿠라는 양고기를 좋아합니다. 그것은 할아버지와의 추억입니다. 사람은 혈연으로만 맺어져 있는 게 아닙니다. 사랑이라는 것은, 애정이라는 것은, 그것을 주는 사람에게 되돌아옵니다. 두 사람의 관계를 보고 있으면 그 사실을 자연스럽게 깨닫게 됩니다.

그렇습니다. 기억이 납니다. 〈마루코는 아홉 살〉, 초등학교 여름방학 숙제를 도모조 할아버지가 대신 했던 스토리, 참 재밌었지요. 선생님이 학교에서 큰 소리로 읽은 문장들, 정말 웃겼습니다. "8월 15일, 어디 보자, 종전 기념일이구나" 뭐 이런 문장이었죠. 사쿠라도 할아버지가 계속 살아 계셨다면 분명히 할아버지한테 숙제를 해달라고 하지 않았을까요(웃음)? 할아버지는 사쿠라가 해달라는 건 뭐든 다 해주는 분이었으니까요. 사쿠라는 앞으로도 계속 할아버지의 손녀입니다.

생선구이 그릴에 구운 어린 양고기구이

할아버지는 사라졌지만 냉동실에 남아 있는 양고기.

이걸 어떻게 하나 하고 다 함께 이야기해봤는데,

어느 날 역시 먹어야겠지, 하면서 패밀리의 어머니가 구워주셨다.

왠지 이걸 다 먹어버리면 할아버지와의 추억이 사라질 것 같아서

램찹을 딱 한 조각씩 소중히, 천천히 먹었다.

할아버지는 지금도 사람들의 마음속에 살아 계신다.

재료

램찹 1인당 1~2개씩, 소금 적당량(굽기 직
전에 1개당 1/3작은술을 양면에 따로따
로 뿌려둔다), 후춧가루 적당량, 로즈메리
(풍미를 돋우기 위해) 약간

만드는 법

1. 생선구이 그릴은 뜨겁게 예열해둔다.
그릴용 접시에 포일을 깔아두면 뒤처리가
간단하다.

2. 램찹에 소금과 후춧가루를 친 후 집게
를 사용해 생선구이 그릴에 넣는다. 6개
정도는 한꺼번에 구울 수 있다.

3. 두께에 따라 다르지만 평균적으로 센
불에서 앞면 3분 30초~4분, 뒤집어서 뒷
면 1분~1분 30초 정도 굽는다. 양면을 똑
같이 굽기보다 앞면을 다 익힌 후 뒷면은
가볍게 데우는 정도로 굽는 게 더 맛있다.
있으면 램 뒷면을 구울 때 로즈메리를 얹
으면 풍미가 좋아진다.

와인 파티를 합시다

피짱, 안녕

유럽 여행 중 친구에게 맡겨둔 스물한 살짜리 손바닥 잉꼬가 죽었다는 소식을 들었습니다.

그러고 보니 유럽에 가기 전에 평소처럼 손바닥에 올려놓았더니 그날따라 손바닥에서 떨어지려고 하질 않았었는데, 소식을 듣고 나니 그제야 '아, 피짱이 나한테 잘 가, 하고 인사하는 거였구나' 하는 생각이 들었습니다. 그때 피짱이 "고마워요, 이제 다시는 못 만나겠네" 하면서 머리를 손가락에 비비는 힘은 굉장히 셌습니다. 자존심이 센 아이라

나한테는 마지막 모습을 보이고 싶지 않았나 봅니다.

유럽의 하늘을 우러러보며 나와 반생을 함께한 피짱을 생각했습니다. 내가 피짱을 돌본 것처럼 피짱도 나를 돌봐주었습니다. 힘들 때, 외로울 때 손안에서 자신의 온기를 나눠주었고, 이불 속에 숨어들어 내 가슴 위에서 같이 자기도 하고, 컴퓨터 앞에 앉은 내 어깨 위에 앉아 졸기도 했습니다. 피짱은 나를 고독에서 구해준 친구입니다. 하지만 나 이외의 사람과는 그다지 친해지지 못했습니다. 그래서 별명이 심술쟁이 피짱입니다. 마지막에 겨우 카린과 사쿠라에게 마음을 터놓았으니, 결국 그녀를 만질 수 있는 사람은 우리 셋뿐이었던 셈입니다. 같이 여행을 갔던 카린과 사쿠라에게 피짱이 죽었다는 사실을 전했더니, 와앙~ 울음을 터뜨리며 일본에 바로 돌아가자고 했습니다. 나는, 피짱은 잉꼬 세계에서는 할머니니까 이제 편하게 보내주자고 아이들을 달랬습니다. 엄마에게 전화를 하니 "리카, 정말 잘했어. 지금까지 용케 잘 돌봐줬구나" 하셨습니다. 그랬구나. 나도 충분히 잘해줬구나, 그런 생각에 마음이 편해졌습니다.

어떤 이별이라도 이별은 슬픈 법이지만, 상쾌한 바람이 불어오는 듯한 산뜻한 이별도 있습니다. 피짱과의 이별처럼 서로를 세심하게 배려하고 서로에게 잘해줬을 때 누릴 수 있는 이별이 그렇습니다. 피짱은 먼지가 되어 어딘가를 떠다니며 다시 무無의 존재가 되어가고 있을지도 모릅니다. 서로 돌봐주고, 사고도 겪고, 상처도 입고, 마지막에는 눈도 안보이게 되고 날지도 못하게 된 피짱의 죽음은, 슬픔을 초월해 시원한 기분을 안겨주는 종류의 것이었습니다. 피짱, 존경합니다. 나도 언젠가는 상쾌한 바람과 함께 현실 세계를 떠나 아주 조용히 떠나갈 수 있기를 바랍니다. 좋아하는 사람들과 부대끼며 아낌없이 애정을 표현하고, 피짱처럼 열심히 살고 싶습니다. 피짱. 고마워.

중국에 가면 반드시 차를 마신다

우롱차, 재스민차, 꽃차 등과 함께
달콤한 매실절임이나 땅콩을 먹는다.
마음속으로 흐르는 말랑말랑한 시간.
몸이 노곤해진다.

병아리콩 샐러드

피짱이 가장 좋아하는 건 흰쌀이었고 두 번째로 좋아하는 게 콩이었다.
병아리콩에 팥. 더 줘, 하고 삑삑 하고 소리를 지를 정도였다.
병아리콩 샐러드를 만들 때마다 피짱이 생각난다.

재료(2인분)

병아리콩 1/3컵, 상추(혹은 루콜라 같은 서양 채소) 2장(씻어서 물기를 빼놓는다), 노랑 파프리카 1/4개(채 썬다), 오이 1/4개(비스듬히 채 썬다), 방울토마토 혹은 프루트토마토 3개(반으로 자른다), 참치 플레이크 작은 캔(80g짜리) 1/3개 분량, 레몬즙 조금, 두반장(중국 사천요리식 조미료) 1/4작은술, 엑스트라 버진 올리브 오일 1큰술, 화이트 와인 비니거 1큰술, 소금 1/2작은술, 후춧가루·파르메산 치즈 약간씩

만드는 법

1. 볼에 노랑 파프리카, 오이, 토마토를 넣고, 참치, 레몬즙, 두반장을 함께 섞는다.
2. ①의 볼에 병아리콩, 올리브 오일, 화이트 와인 비니거(식초), 소금을 넣고 재빨리 휘저은 후 먹기 좋은 크기로 썬 상추를 넣는다.
3. 먹기 직전에 손으로 섞는다. 다 되면 후춧가루와 치즈, 취향에 따라 올리브 오일을 더 뿌리면 완성!

이야기가 있는 요리

Tribute to Kazuo Noguchi

어제는 보름달이 떴습니다. 쟁반처럼 휘영청 아름다운 자태를 뽐내며 달이 떴을 때, 첫째 딸 카린이 "저 달님, 먹고 싶다" 이럽니다. 손을 뻗으면 꼭 잡힐 것 같은 커다란 보름달.

Try to Reach for the Moon.

딸들을 번쩍 안아 올려 달을 만지게 해주고 싶은 기분이었습니다.

건설 중인 빌딩 창에 반사되어 더 커 보이는 신비스러운 달을 구경하고 있는데, 머릿속에서 글렌 밀러의 '문라이트 세레나데'가 흘러나왔습니다. 천천히 흐르는 아름다운 멜로디에 맞춰 밖의 자동차 소리를 지울 듯이 퍼지는 스윙 재즈. 그런 재즈가 너무 좋습니다. 그런 멋진 느낌을 알게 해준 사람은 외삼촌이었습니다.

나에게도 소중한 존재였던 외삼촌(엄마의 오빠)은 2개월 전에, 돌아가신 외할머니 뒤를 따라가듯 타계하셨습니다.

외삼촌은 내가 어릴 때는 부모님처럼, 그리고 내가 성인이 된 다음에는 친구처럼 나를 대해주셨습니다. 술을 마시면서 외숙모가 만들어준 맛있는 채소절임과 튀김을 먹으며 여러 가지 이야기를 나누던 게 생각납니다.

젊으셨을 때에는 스키장이나 콘서트장에 자주 다녔다는 것. 대가족이라 힘들었지만 그래도 식구가 많아서 좋았다고 말씀하시던 것. 은퇴하

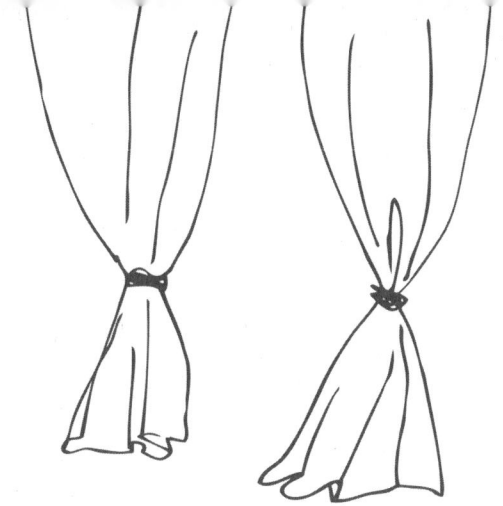

고 유럽 여행을 갔을 때의 이야기. 엄마가 규슈로 시집갔을 때 처음에는 반대했지만 지금은 정말로 잘했다고 생각한다는 것. "그러니까 리카나 지하루가 태어났지"라고 말해주신 것.

이 많은 것들은 목소리가 나올 때 말씀해주신 것이지만, 외삼촌은 후두암에 걸려 목소리를 잃은 다음에는 기계를 목에 대어 전기음 소리로 다시 말을 하게 되었습니다.

암에 걸린 다음에 자주 하신 말씀은 외삼촌이 좋아하는 그림과 재즈에 대한 것이었습니다.

"리카는 항상 외삼촌이 말하고 싶은 것을 아주 잘 알아들어서 좋아" 하고 칭찬받을 때는 너무나 기뻤지만, 실은 잘 모르는 것이 있어도 아는 척하고 들을 때도 상당히 많았습니다. 몇 번이나 "뭐라고요?" 하고 물으면 슬퍼질 것 같았기 때문입니다. 그럴 때는 분명히 이런 말이었을 거야, 하고 상상하며 이야기했는데, 모르면 모르는 대로 대화가 진행되어 서로 좋아하는 곡을 고르고 듣는 시간을 즐길 수 있었습니다. 사실 말이 필요 없는 멋진 시간이었지요. 외삼촌. 정말로 시간이 멈춘 듯한 시간이었어요.

외삼촌은 마지막에 '죽는 방법이 곧 사는 방법이다'라는 사실을 가르쳐주셨습니다. 언젠가 반드시 누구에게나 찾아오는 '죽음'. 그 죽음과 맞닥뜨렸을 때 너무나 공포스러운 나머지, 자신에게 남겨진 아름다운 시간을 잃어버리고 마는 사람이 많습니다. 하지만 외삼촌은 달랐습니다.

좋아하던 그림을 더 열심히 그리고, 좋아하던 음악을 더 근사하고 훌륭한 오디오 세트로 듣고, 항상 웃으셨습니다. 그리고 마지막까지 가족을 소중히 여기셨습니다. 아무리 힘들어도 웃는 얼굴로 우리를 맞아주셨고, 병원 침대에서 바이바이 하고 손을 흔들 때도 항상 웃는 얼굴로, 까딱 가벼운 고개인사를 하면서 손을 흔들어주셨습니다.

병실에서 나의 새로운 아이팟을 보여주었을 때,

"이 안에 새치모(루이 암스트롱의 애칭)의 'What a Wonderful World'도 있니?" 하고 외삼촌이 물었습니다.

"있어요."

"난 그 곡이 참 좋아."

그날은 마침 그림을 그린 듯 파란 가을하늘이 깨끗한 날이었습니다. 병실 창문으로 파란 하늘이 보였습니다. 아름다운 도쿄가 보였습니다. 침대 옆에는 외숙모가 앉아서, 아름답고 깊고 부드러운 음성으로 딸과 함께 웃고 있었습니다. 그날의 아무것도 아닌 풍경을, 눈이 아닌 마음속에 담아봅니다. 더할 나위 없이 눈부시게 아름다운 풍경입니다.

"What a Wonderful World."

외삼촌 옆에는 'What a Wonderful World'가 있었습니다.

아이팟에서 흐르는 음악을 듣는, 바짝 마른 외삼촌을 보면서 생각했습니다. 맞아. 이건 외삼촌의 마음이야. 언젠가 외삼촌이 여행을 떠날 때 분명히 이 음악을 들으시겠지.

외숙모와 사촌들과 의논한 끝에, 절에서 마지막 인사를 할 때 이 곡을 틀기로 했습니다. 하지만 경을 읽고 있을 때는 "역시 여기서 팝송을 트는 건 이상하겠지? 지금이라도 그만둘까?" 하고 망설이게 되더군요. 하지만 엄마가 또각또각 걸어오시더니 이렇게 말씀하셨습니다.

"오빠한테 그 곡 틀어드려라. 오빠가 기뻐하실 거야."

영정 사진 속 외삼촌은 이 음악을 들으면서 웃고 계셨습니다. 모든 것을 받아들이고 후련하게 여행을 떠나는 사람의 빛나는 미소! 반복해서 흐르는 곡을 들으며 나는 외삼촌에게 말을 걸었습니다.

"그러네요, 외삼촌. 이 세상은 정말 근사해요. 세상이 이렇게 멋지단 걸 가르쳐줘서 고맙습니다."

가사의 뜻을 모르겠다고 했던 외숙모 그리고 엄마에게, 이 가사를 해석해 보내드립니다. 이 말들은 분명히 생전에 외삼촌이 하시던 말 그대로라고 생각합니다.

What a Wonderful World

루이 암스트롱

작사   로버트 틸Robert Thiele

작곡   조지 데이비드 와이즈George David Weiss

I see trees of green, red roses too

I see them bloom for me and you

And I think to myself, what a wonderful world

초록 나무들이 우거지고, 붉은 장미가 피어 있네.

그것이 나나 그대들을 위해 피어 있는 거라고 생각하니

진심으로 느껴지네. 정말로 이 얼마나 멋진 세상인가.

I see skies of blue and clouds of white

The bright blessed days, the dark sacred nights

And I think to myself, what a wonderful world

하늘은 파랗고, 흰 구름이 떠 있네.

밝게 빛나는 빛이 있으면 암흑으로 싸인 신성한 밤도 있다네.

진심으로 느껴지네. 정말로 이 얼마나 멋진 세상인가.

The colors of the rainbow, so pretty in the sky

Are also on the faces of the people going by

I see friends shaking hands, saying, "How do you do?"

They are really saying "I love you"

하늘에 걸린 무지개는 너무나 아름답고

걸어가는 사람들 중에서 나는 친구 얼굴을 발견하네.

그들은 악수를 하면서 "잘 지내나?" 하고 물어주네.

하지만 그들이 진짜 말해준 것은

"널 사랑해"라는 말.

I hear babies cry, I watch them grow

They'll learn much more than I'll ever know

And I think to myself, what a wonderful world

Yes, I think to myself, what a wonderful world

아이가 우는 소리가 들리네.

그 아이의 성장을 지켜본다면

분명히 아이들은

내가 알지 못하는 많은 것들을 배워가겠지.

그런 것을 상상하면

진심으로 느껴지네.

세상은 어쩌면 이렇게 멋진가.

아아, 나는 생각하네.

세상은 어쩌면 이리도 멋진가.

There are still beautiful things in this world.
We just have to open our eyes

어떤 인생도, 어떤 사물도,
언젠가는 입자가 되어
눈에 보이지 않는 존재가 된다.
거기에는 이유 같은 건, 없다.
언젠가는 소멸하는 것이기 때문에
상쾌한 바람처럼
따스한 빛처럼
이 순간을 살아갈 수 있으면 좋겠다.

레시피 색인

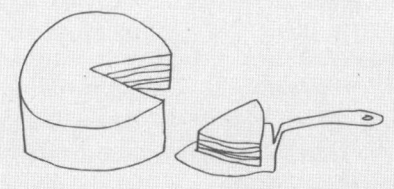

저녁 7시, 나의 집밥

나를 응원하는 오늘의 요리

유키마사 리카 지음 · 염혜은 옮김 · 이나영 그림

1판 1쇄	펴낸날 2014년 1월 7일
펴낸이	이영혜
펴낸곳	디자인하우스
	서울시 중구 동호로 310 태광빌딩
	우편번호 100-855 중앙우체국 사서함 2532
대표전화	(02) 2275-6151
영업부직통	(02) 2263-6900
팩시밀리	(02) 2275-7884, 7885
홈페이지	www.design.co.kr
등록	1977년 8월 19일, 제2-208호
편집장	김은주
편집팀	장다운, 박은경, 공혜진
디자인팀	김희정, 김지혜
마케팅팀	도경의
영업부	김용균, 오혜란, 고은영
제작부	이성훈, 민나영, 박상민
그림	이나영 étoffe
교정교열	이정현
출력 · 인쇄	신흥P&P

ISBN 978-89-7041-616-8 13590

가격 15,000원